PALKKI

Lujuuslaskennan perusteet

5. painos

Esa Hietikko

FSC
www.fsc.org
MIX
Paperi vastuul -
lisista lähteistä
Paper from
responsible sources
FSC® C105338

Kuvitus: Esa Hietikko
Taitto: Esa Hietikko

Kustantaja: BoD – Books on Demand, Helsinki, Suomi
Valmistaja: BoD - Books on Demand, Norderstedt, Saksa

ISBN: 978-952-80-4411-6

Sisällys

Alkusanat

Tässä oppikirjassa esitellään lujuuslaskennan perusteet käytännönläheisesti ja turhia teorioita vältellen. Nykyaikaisilla ATK-menetelmillä on keskeinen osuus kirjan sisällössä. Tavoitteena on pitää asioiden käsittely lähellä insinöörimäistä ajattelutapaa.

Lähestymistapa sopii ammattikorkeakoulutasoiseen lujuuslaskennan perusteiden opetukseen, jossa tavoitteena on osaamisen käytännönläheinen puoli. Lujuuslaskenta kytkeytyy lähes jokaisen tuotteen kehitysprosessiin.

Kirjan viidenteen painokseen on ajankohtaistettu joitakin vanhentuneita tietoja ja digitaalisia työkaluja sekä lisätty harjoitustehtäviä.

Kuopiossa kesällä 2024

Esa Hietikko

1

Lujuuslaskennan merkitys

Lujuuslaskennan historiaa

Lujuuslaskenta osana innovaatioprosessia

Lujuuslaskennan merkityksestä

Lujuuslaskenta on luonteeltaan analyyttistä ja matemaattista osaamista vaativa laji. Sille on muutaman vuosisadan aikaisen historiansa aikana kehittynyt voimakas matemaattinen painotus, jossa differentiaali ja integraalilaskennalla on suuri merkitys. Nykyiset ATK menetelmät ovat kuitenkin viimeisten parin vuosikymmenen aikana alkaneet siirtää lujuuslaskentaa myös vähemmän matemaattista osaamista omaavien henkilöiden ulottuville. Samalla käyttöalue on laajentunut niin, että lujuuslaskentaa voidaan nykyään pitää oleellisena osana lähes jokaisen konkreettisen tuotteen kehitysprosessia.

Tornan sillan sortuminen

Imatralla, Tainionkosken voimalaitoksen yläpuolella oleva Tornan silta sortui kansirakennetta purettaessa 6.8.1998 noin kello 07.40. Siltakansi tuettiin ensin kahdella tukitornilla jännevälin kolmannespisteissä. Sitten kantavat betonikaaret katkaistiin tyvestä ja aloitettiin betonikaarten poisto. Kun ylävirran puoleisen kaaren poisto oli edennyt keskiosaan asti, silta romahti. Siltakannen pääpalkit jäivät päistään virtapilarien päälle roikkumaan keskikohdan pudotessa uoman pohjaan asti. Siltakannella oli sortumishetkellä kolme henkilöä työssä. Kaksi heistä onnistuttiin pelastamaan. Yksi henkilö hukkui voimakkaassa virtauksessa.

Sillasta laaditun tietokonemallin perusteella kyettiin päättelemään, että onnettomuus johtui idänpuoleisen tukitornin pettämisestä. Sortuminen lähti liikkeelle tukitornin yläpään siirtyessä virran suuntaan. Tätä edesauttoivat tukitornien esikuormitustunkkauksen aiheuttamat alkusiirtymät ja virran paine.

Onnettomuuden syyksi todettiin tutkintaselostuksessa mm. seuraavia seikkoja:

- Purkusuunnitelmasta puuttuivat koko tukitornin kantavuustarkastelut sekä tukitornin ja sillan yhteistoiminnasta johtuvat kuormien jakautumisen selvitykset purkamisen eri vaiheissa.
- Tuennan kantavuus oli laskettu virheellisesti kytkemättä osakomponentteja eli kierretankoja, varsinaista tukitornia ja yläpään palkkeja sekä kiilapaloja yhtenäiseksi rakennekokonaisuudeksi.
- Neljän pisteen tuenta tukitornissa ilman kuorman keskittämistä (tasausta) oli virheellinen.
- Tuentasuunnitelmasta puuttuivat yksityiskohtaiset ohjeet tunkkaus- ja kiinnitysjärjestelmästä, jolla voitaisiin taata tukitornien tasainen kuormittuminen.

Tämä esimerkki osoittaa karmealla tavalla millaisia seuraamuksia puutteellisesti tai piittaamattomasti suoritetuista suunnitelmista ja lujuuslaskelmista voi olla.

Vastaavanlaisia esimerkkejä puutteellisista suunnitelmista ja laskelmista löytyy vaikka kuinka paljon. Nämä osoittavat sen, kuinka vakavasti otettavasta asiasta lujuuslaskennassa on kyse ja kuinka tärkeä asia lujuuslaskenta on yhteiskunnan toimivuuden kannalta.

Lujuuslaskennan historiaa

Jo vanhalla ajalla ihmiset ovat rakentaneet monenlaisia rakennelmia kuten pyramideja ja temppeleitä ilman että heillä on ollut käytettävissään teoreettista lujuuslaskennan osaamista. Rakentaminen perustui kokemukselliseen tietoon, joka periytyi sukupolvelta toiselle.

Vanhan legendan mukaan esimerkiksi sillan lujuus varmistettiin siten, että sen suunnitellut henkilö laitettiin sillan alle seisomaan samalla kun silta ylitettiin hevosvankkureilla.

Ensimmäinen tiedossa oleva henkilö, joka on kiinnittänyt huomiota lujuuslaskentaan teoreettisessa mielessä, on italialainen Leonardo da Vinci (1564-1642). Hän kuvaili muistikirjoissaan palkin ja ristikon kantokykyyn vaikuttavia seikkoja. Varsinaisia analyyttisia menetelmiä hänkään ei kuitenkaan esittänyt.

Toinen italialainen, Galileo Galilei (1564-1642) kehitti ensimmäisen systemaattisen lujuuslaskennan teorian ollessaan katolisen kirkon määräämässä kotiarestissa Firenzen lähistöllä. Tuolloin hän kirjoitti aihetta käsittelevän kirjan, jonka käsikirjoitus salakuljetettiin Hollantiin ja julkaistiin Leidenissa 1636. Kirjassaan Galilei tutki mm. sauvan aksiaalista vetoa sekä palkin taivutusta.

Galileo oli hyvin aktiivinen ja erinomainen puhuja. Opiskelijat tulivat kuuntelemaan hänen luentojaan ympäri Eurooppaa. Luennot tapahtuivat yleensä valtavassa salissa, johon mahtui jopa parisentuhatta opiskelijaa. Galileo oli esiintymiskyvystään huolimatta varsin hankala ihminen ja erittäin ivallinen kaikille toista mieltä oleville olivatpa nämä missä yhteiskuntaluokassa tahansa.

Galilei suoritti useita mekaniikan kokeita, joissa hän mm. kumosi useita Aristoteleen väitteitä. Hän myös osoitti, että putoava kappale liikkuu kiihtyvällä nopeudella, jos ilmanvastusta ei oteta huomioon.

Yksi lujuusopin historian merkkihenkilö oli Robert Hooke (1635-1703). Hänen tärkeimpiä havaintojaan lienee kappaleeseen vaikuttavan voiman ja siihen syntyvän muodonmuutoksen suhde. Tätä nimitetäänkin hänen mukaansa Hooken laiksi.

1700-luvulla lujuusoppia vei eteenpäin mm. Leonard Euler (1707-1783), joka kehitti erityisesti lujuusopin analyyttisiä menetelmiä ja tutki kappaleiden muodonmuutoksia. Kuuluisin hän kuitenkin lienee palkkien nurjahdukseen liittyvistä teorioistaan.

Muita lujuusopin historian merkkihenkilöitä ovat olleet esimerkiksi Thomas Young (1773-1829), joka laajensi Hooken tutkimuksia ja joka on saanut nimensä kimmomoduulin englanninkieliseen termiin (Young's modulus) sekä Simeon Poisson (1781-1840), joka yleisti Hooken lain kolmiulotteiseksi.

Lujuuslaskenta osana innovaatioprosessia

Lujuuslaskennassa tarkastelu kohdistuu aina konkreettiseen tuotteeseen. Hyvin usein kyseessä on loppukäyttäjälle tarkoitettu tuote, jota valmistetaan liiketoiminnallisessa tarkoituksessa. Tällaisen tuotteen elinkaareen kuuluvat kaikki vaiheet ideasta valmistukseen, jakeluun, kulutukseen ja käytöstä poistoon. Elinkaaren alkupäätä, jossa ideasta jalostetaan liiketoimintaa, kutsutaan innovaatioprosessiksi. Innovaatiohan tarkoittaa keksintöä, joka on kehitetty edelleen liiketoiminnaksi. Innovaatioprosessi jakaantuu edelleen kahteen osaan: tuotekehitys- ja toteutusvaiheeseen. Toteutusvaiheessa tuotekehityksen tuloksena aikaansaadut tekniset dokumentit konkretisoidaan tuotanto- ja logistiikkaprosesseiksi, joissa materiaaleista ja osista rakennetaan lopullinen tuote ja toimitetaan se asiakkaalle. Tuotekehitys sisältää vuorostaan tuoteohjelman suunnittelun ja itse tuotesuunnittelun prosessit.

Tuoteohjelman suunnitteluvaiheessa generoidaan asiakkaiden tarpeiden perusteella ideoita, joista valitaan parhaat jatkokehitykseen. Tuotesuunnitteluvaiheessa ideoiden ja vaatimuslistojen avulla valmistetaan tuotteeseen ja tuotantoon liittyvät tekniset dokumentit. Lujuuslaskenta on voimakkaimmin mukana kuvassa tuotesuunnitteluvaiheen aikana.

Tuotesuunnitteluprosessi etenee toisiaan seuraavina synteesi- ja analyysivaiheina. Synteesissä kiinnitetään tuotteeseen liittyviä vapausasteita ts. valitaan arvoja tuotteeseen liittyville ominaisuuksille. Analysointivaiheessa selvitetään täyttävätkö valitut arvot tuotteelle asetetut vaatimukset. Lujuuslaskenta on yksi tyypillisimmistä analyysivaiheen tehtävistä.

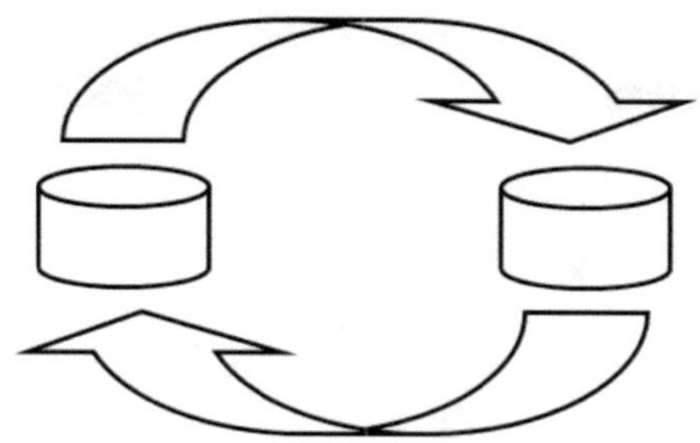

Kuva 1.1. Tuotesuunnitteluprosessi etenee toisiaan seuraavina synteesi- ja analyysivaiheina.

Lujuuslaskennan merkityksestä

Lujuuslaskennan perusongelmana on tasapainoilu kahden vastakkaisen tekijän välissä. Rakenteen on oltava riittävän luja ollakseen varmakäyttöinen, muttei liian luja, jotta siitä ei tule liian suurikokoinen, jolloin se on myös painava ja kallis. Tietyissä kohteissa rakenteen massalla on erityismerkitys. Tällainen on esimerkiksi lentokone, jolle keveys on hyvin arvokas ominaisuus. Painavat osat eivät myöskään liikkuvissa laitteissa aina edes takaa suurempaa varmuutta, koska dynaamiset hitausvoimat voivat tällöin kasvaa hyvin suuriksi.

Lisäksi on hyvä huomata ns. massan kertautumis- eli lumivyöryefekti, joka tarkoittaa sitä, että yksittäisen osan massan muutoksilla saattaa olla voimakkaita heijastusvaikutuksia laitteen muiden osien massaan. Jos esim. lentokoneen jonkin osan massa kasvaa määrällä m, kasvaa koneen kokonaismassa huomattavasti enemmän, sillä tällöin

- tarvitaan isompi voimalaite
- isompi voimalaite tarvitsee enemmän polttoainetta
- suurempi massa vaatii suuremmat siivet, laskutelineet jne.

Lujuuslaskenta on luonteeltaan analyyttinen tieteenala. Käytännössä se merkitsee sitä, että ennen laskentaa on määritetty tiettyjä reunaehtoja, jotka suunniteltavan rakenteen on täytettävä. Laskennassa analysoidaan mainittuja reunaehtoja vastaavien muuttujien arvot ja verrataan niitä reunaehtoihin. Reunaehtoja voidaan hyödyntää myös määritettäessä joitakin suunniteltavan kohteen dimensioita tai materiaaliarvoja. Analysoitavat ominaisuudet voivat liittyä esimerkiksi jännitykseen, muodonmuutokseen, stabiliteettiin tai kulumiseen. Tällöin voidaan analysoida rakenteen kuluminen tiettynä aikana ja tarkistaa, että se jää sallittujen rajojen sisäpuolelle, tai määrätä rakenteen paksuus siten, että kuluminen maksimissaan saavuttaa sallitun arvon.

Hyvän tuotteen tunnusmerkistöön kuuluu turvallinen ja luotettava toiminta kohtuullisen käyttöiän aikana. Jotta tuotteeseen käyttöiän aikana kohdistuvat rasitukset voidaan ennustaa, on tiedettävä ainakin seuraavat asiat:

- Kuormitusten suuruus, suunta, taajuus ja muuttuminen ajan mittaan.
- Käytettyjen materiaalien mekaaniset ominaisuudet.
- Käytettävät laskenta- ja mittausmenetelmät.

Suunnittelijan on kyettävä kuvittelemaan kaikki tilat, joissa tuote voi menettää toimintakykynsä ja sen jälkeen valita tuotteelle sellaiset dimensiot ja materiaalit, että toimintakyvyn menetys voidaan estää. Tässä kirjassa keskitytään lähinnä kolmeen yleisimpään mekanismiin, joilla tuote voi menettää toimintakykynsä:

- Tuotteen kimmoiset (palautuvat) muodonmuutokset kasvavat liian suureksi.
- Tuotteeseen syntyy pysyvä muodonmuutos eli se myötää.
- Tuotteeseen syntyy väsymismurtuma.

Tuotteeseen syntyvä kimmoinen muodonmuutos on useimmissa tapauksissa varsin hankalasti määrättävissä käsin laskennalla ja siksi tässä esityksessä keskitytäänkin vain aivan yksinkertaisimpiin perustapauksiin, joiden avulla muodonmuutosten arviointi myös monimutkaisemmissa tapauksissa on helpompaa. Luettelon kaksi viimeistä vauriotyyppiä määräytyvät kappaleessa vaikuttavan jännityksen perusteella. Jännitysten käsin laskenta on muodonmuutosten tapaan hankalaa monimutkaisemmilla rakenteilla ja siksi tässä kirjassa onkin käsitelty vain yksinkertaisia perustapauksia.

Jännitys lasketaan erilaisilla kaavoilla ja sen jälkeen sitä verrataan käytettävän materiaalin sietokykyyn. Yleensä väliin jätetään myös riittävä varmuusmarginaali, jolla otetaan huomioon laskelmien epävarmuustekijät.

Tässä esityksessä keskitytään lujuuslaskennan perusasioihin ja siksi käytännön laskenta hoidetaan pitkälle käsin (eli työkaluina ovat kynä, kumi, lehtiö ja laskin). Nykyaikaiseen lujuuslaskentaan liittyy kuitenkin paljon ATK-menetelmiä, joista ns. FEM (Finite Element Method tai Finite Element Modeling eli Elementtimenetelmä) on ehkä yleisin. Sen avulla voidaan laskea monimutkaistenkin rakenteiden jännityksiä ja muodonmuutoksia suhteellisen tarkasti ja helposti. Tulokset voidaan esittää havainnollisina kuvina, kuten kuvassa 1.2.

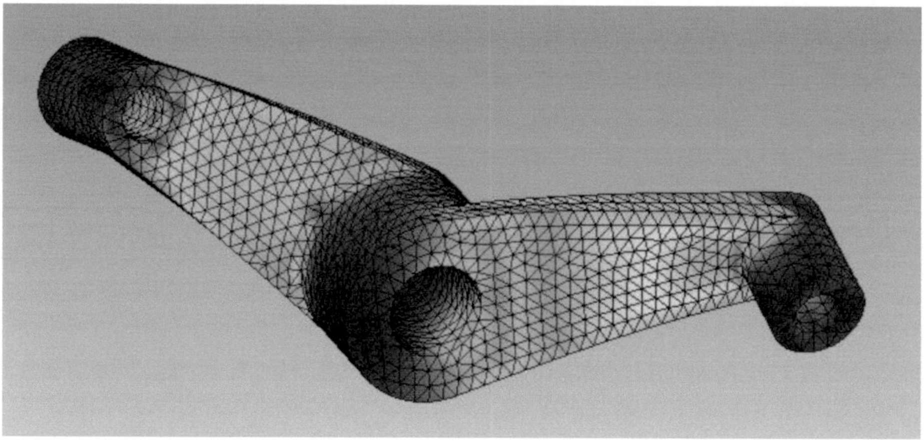

Kuva 1.2. Jännitysten havainnollinen esitys.

Vaikka laskennassa käytettävät matemaattiset menetelmät ovat aina tarkkoja, lähtöarvojen epätarkkuudesta johtuen laskennan tulokset eivät ole koskaan tarkkoja. Siitä huolimatta parhaaseen lopputulokseen päästään, jos laskenta suoritetaan aina ikään kuin kaikki lukuarvot olisivat tarkkoja. Lopuksi tulos voidaan pyöristää valmistuksen tai raaka-aineen edellyttämälle tarkkuudelle. Esimerkiksi tavallisten ruuvien nimellishalkaisijat on mitoitettu millimetrin välein.

Lujuuslaskennan muutos viimeisinä vuosina

Lujuuslaskenta on muuttunut voimakkaasti tietokoneiden kehittyessä viimeisten vuosikymmenten aikana. Nykyisin kyetään tietokoneen avulla laskemaan huomattavasti monimutkaisempia rakenteita kuin käsin on koskaan pystytty laskemaan. Myös laskennan nopeus on kasvanut tietokoneiden laskentatehon kasvaessa. Tänään voidaan laskea sekunneissa tehtäviä, joiden laskentaan parikymmentä vuotta sitten kului tietokoneelta minuutteja tai jopa tunteja.

Tämä ei kuitenkaan merkitse sitä, että käsin laskennan merkitys tulisi vähenemään jatkossa. Vaikka rakenteet analysoidaan tietokoneilla, on aina viisainta pyrkiä saamaan tulos myös jollain muulla menetelmällä. Jos kaksi erilaista menetelmää antaa saman tuloksen, jota vielä tukee suunnittelijan kokemusperäinen tieto, voidaan olla kohtuullisen varmoja siitä, että laskenta on luotettava.

Periaatteessa kakkoslaskentamenetelmänä voidaan käyttää myös toista tietokoneohjelmaa, mutta useissa tapauksissa se ei ole mahdollista. Silloin ainoaksi vaihtoehdoksi tietokoneanalyysin varmistamiseen jää käsin laskenta.

CAD-ohjelmien yhteyteen ilmaantuneet lujuuslaskennan lisämoduulit tekevät analyysin suorittamisesta varsin näppärän toimenpiteen. Varsinkin ensikertalaisia ilahduttaa usein kaunis grafiikka, jota ohjelmamoduulin avulla saadaan aikaan. Siitä huolimatta on aina pidettävä kirkkaana mielessä, että vaikka laskennan suorittaminen on helppoa, on myös virheiden tekeminen helppoa. Koskaan ei voi myöskään vähätellä lähtötietojen oikeellisuuden merkitystä. Mitä tarkemmin materiaalien ominaisuudet ja vallitsevat olosuhteet tunnetaan, sitä parempi mahdollisuus analyysillä on onnistua.

Tehtäviä

1.1 Tarkastele ympäristöäsi! Löydätkö sellaisia tuotteita, jotka voisivat vaurioitua tai muuten menettää toimintakykynsä edellä kuvatuilla tavoilla? Yritä kuvitella mahdollista vauriotyyppiä ja pue se kirjalliseen muotoon. Millaisia seurauksia mahdollisesta vauriosta olisi?

1.2 Analyysi on tärkeä osa innovaatioprosessia. Yritä hahmottaa synteesin ja analyysin kiertokulkua tuotteessa, jota käytit esimerkkinä edellisessä tehtävässä. Millä perusteella suunnittelija on päätynyt valitsemaan tuotteeseen juuri ne ominaisuudet, joita siinä on? Ovatko keskeisellä sijalla olleet kestävyys-, muotoilu- vai jotkin muut syyt? Kuinka suunnittelija on analysoinut juuri tässä tapauksessa valitsemiensa ominaisuuksien käyttökelpoisuutta? Kuinka hyvin suunnittelija on mielestäsi onnistunut ja onko taloudellisia näkökohtia otettu riittävästi huomioon?

1.3 Mitkä seuraavista ovat tyypillisiä synteesivaiheen toimintoja?

- Tuotteen värin valitseminen
- Tuotteen hinnan määrittäminen
- Tuotteen materiaalin valinta

1.4 Kaksi autoa lähtee samaan aikaan liikkeelle, toinen Kuopiosta ja toinen Siilinjärveltä. Kuopiosta lähtenyt auto ajaa pohjoiseen keskinopeudella 82 km/h ja Siilinjärveltä lähtenyt etelään keskinopeudella 90 km/h. Kumpi autoista on lähempänä Kuopiota, kun ne kohtaavat? Mikä on tehtävän opetus? Miten se voi liittyä lujuuslaskentaan?

1.5 Kurssissa tulee olemaan paljon laskentaa, joten aloitetaan totuttelu välittömästi. Hihnavälityksen on välitettävä 18 kilowatin teho. Hihnan nopeus on 15 m/s. Kuinka suuri voima hihnassa vaikuttaa?

- 1600 N
- 1200 N
- 17 MW.

1.6 Hihnapyörään, jonka säde on 400 mm vaikuttaa tangentin suuntainen resultanttivoima 200 N. Kuinka suuri vääntömomentti hihnapyörän akselissa vaikuttaa? Mikä on systeemin välittämä teho, jos pyörimisnopeus on 60 kierrosta minuutissa?

1.7 Millaisilla kaavoilla seuraavien alueiden pinta-alat lasketaan? Missä kohtaa on painopiste?

- Neliö
- Suorakaide
- Kolmio
- Ympyrä
- Pyöreä putki
- Suorakaiteen muotoinen putki

1.8 Oletetaan, että suunnittelija on mitoittanut polkupyörän maksimissaan 100 kg:n painoiselle henkilölle. Jos hän on käyttänyt varmuusmarginaalina puoltatoista (1,5), pitääkö paikkansa, että

- teoriassa pyörä kestää 150 kg
- käytännössä pyörä kestää 150 kg
- käytännössä pyörä voi kestää jopa 200 kg.

1.9 Massa m pyörii säteellä r keskipisteen ympäri kulmanopeudella ω. Jos kulmanopeus kasvaa 5 %, paljonko kasvaa keskipakoisvoima?

- 5 %
- 10 %
- 50 %

2

Rasitustyypit ja kuormitukset

Kuormitus
Peruskuormitukset
Rasituslajit ja –kuviot
Rasitusten selvittäminen käyttäen ATK-menetelmiä

Rakenteisiin kohdistuvien kuormitusten määrittäminen on usein lujuuslaskennan hankalin osuus. Kuormitukset ovat epämääräisiä, hankalasti mitattavia ja huonosti ennustettavia. Sen lisäksi ne voivat olla myös ajan mukana muuttuvia ja/tai iskumaisia. Kuormitusten aiheuttamia rasituksia voidaan laskea ja arvioida perinteisillä käsilaskentamenetelmillä, mutta nykyisin se tehdään yhä useammin tietokoneella. Statiikan ja dynamiikan tuntemus ei ole kuormituksia ja rasituksia arvioitaessa pahasta, mutta ilmankin sitä voi tulla toimeen.

Kuormitus

Kuormituksella tarkoitetaan mitä tahansa ulkoista voimaa tai momenttia, joka tutkittavaan kappaleeseen kohdistuu. Kuormitukset syntyvät useista lähteistä: esimerkiksi paineistetusta kaasusta tai nesteestä, lämpölaajenemisesta, magneettikentästä, painovoimasta, hitausvoimista tai kontakteista muihin kappaleisiin. Useimmiten kuormitukset syntyvät juuri kontakteista muihin kappaleisiin, jolloin törmätään tuttuun voiman ja vastavoiman lakiin.

Kuormitukset ovat yleensä myös hyvin monimutkaisia, mikä johtaa siihen, että niitä on yksinkertaistettava ennen hyödyntämistä laskelmissa. Kappaleeseen kohdistuvat kuormitukset voivat olla staattisia tai dynaamisia. Kuormituksen sanotaan olevan staattinen silloin, kun rakenteen jokainen osa on tasapainossa ulkoisten kuormien ansiosta. Tällöin kappale joko pysyy paikallaan, tai kulkee vakionopeudella. Dynaaminen kuormitus taas vaihtelee ajan mukana.

Vaikka esimerkiksi liikkuvien koneenosien tapauksessa staattinen kuormitus onkin hyvin harvinainen, on sen huomioinnilla suuri merkitys siksi, että useimmiten dynaamisten kuormien aiheuttamat rasitukset määritetään staattisten kuormien perusteella. Dynaamiset kuormitukset ovat myös niin hankalasti määritettävissä, että ainoaksi keinoksi mitoituksen suorittamiseksi jää suurimman mahdollisen staattisen kuorman arviointi.

Tyypillisimpiä dynaamisten kuormitusten aiheuttajia ovat pyörivät koneen osat. Kokemusten perusteella voidaan sanoa, että vaihtelevien kuormitusten aiheuttamat väsymismurtumat ovat syynä rakenteen murtumiseen noin 2/3:ssa tapauksista. Iskumaiset kuormitukset otetaan yleensä huomioon kertomalla vastaava staattinen kuorma ns. sysäyskertoimella. Seuraavassa on tyypillisiä sysäyskertoimia (Miekkoja):

- 1,0 - 1,1, jos sysäykset ovat pieniä ja esiintyvät pääasiassa vain käynnistyksen yhteydessä (esimerkiksi höyry- ja vesiturbiinit, sähkömoottorit)
- 1,2 - 1,5, jos sysäykset ovat keskisuuria (esimerkiksi polttomoottorit, työstökoneet)
- 1,5 - 2,0, jos sysäykset ovat voimakkaita (esimerkiksi leikkurit, lävistimet)

- 2,0 - 3,0, jos sysäykset ovat erittäin voimakkaita (esimerkiksi konevasarat, murskaimet)

Peruskuormitukset

Laskelmissa käytettäviä peruskuormituksia on viisi: veto, puristus, taivutus, leikkaus ja vääntö. Peruskuormitukset voivat olla ajan suhteen vakioita, jolloin ne ovat staattisia tai sitten vaihtuvia, jolloin ne ovat dynaamisia. Kaikki tässä esityksessä esiintyvät kaavat ja laskelmat perustuvat siihen olettamukseen, että tutkittavaan kappaleeseen kohdistuvat kuormitukset on yksinkertaistettu johonkin tai joihinkin näistä peruskuormitustyypeistä.

Yleisenä nyrkkisääntönä voidaan todeta, että mitä suuremmassa määrin kappaleeseen kohdistuu dynaamisia kuormituksia, sitä herkemmin kappale vaurioituu. Esimerkiksi voima voi iskumaisena aiheuttaa kappaleeseen kaksinkertaisen rasituksen staattiseen kuormaan verrattuna. Samaan tapaan hyvin pienikin vaihteleva voima voi olla ajan mittaan vakavampi kuin paljon suurempi staattinen voima.

Rasituslajit ja -kuviot

Aikaisemmin todettiin, että yleisimmin tuotteeseen syntyvät vauriot johtuvat jännityksistä ja/tai muodonmuutoksista. Näiden laskemista varten kappaleeseen vaikuttavat sisäiset rasitukset on saatava selville. Tämä tapahtuu useimmiten mekaniikan teorioiden avulla, joita käsitellään omassa kurssissaan. Siksi siihen puoleen ei tässä yhteydessä puututa kovin syvällisesti. Jonkinlainen kertaus lienee kuitenkin paikallaan. On myös muistettava, että mekaniikan perusteellinen osaaminen on välttämätöntä lujuuslaskentaan pidemmälle perehdyttäessä.

Mekaniikassa tarkastellaan tavallisesti yhden dimension suunnassa muita paljon pidempää kappaletta, joka on joko ns. palkki tai ristikon sauva. Ristikon sauvassa vaikuttaa vain veto- tai puristusrasituksia. Palkissa voi lisäksi olla taivutus- ja leikkausrasituksia, joista taivutus on rasituksista ankarin. Rasitusten suuruus palkin mielivaltaisessa kohdassa saadaan selville piirtämällä kappaleen rasituskuviot (normaalivoima-, leikkausvoima- ja taivutusmomenttikuviot).

Veto, puristus

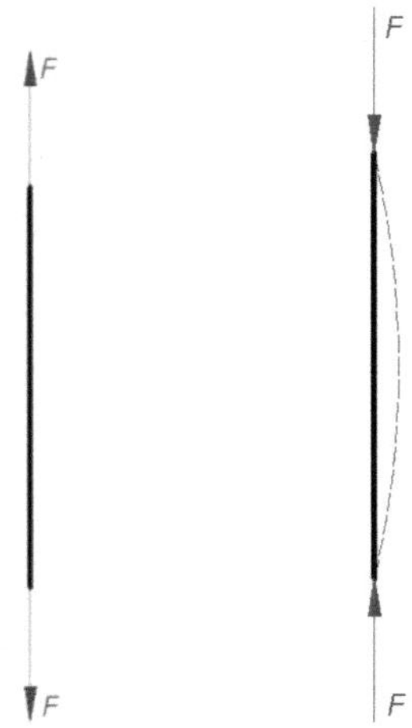

Taivutus

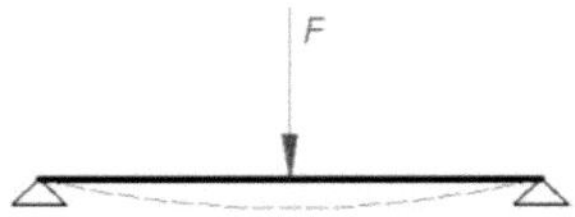

Leikkaus

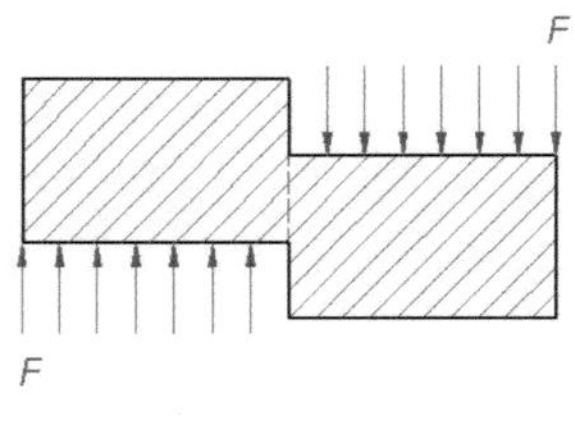

Vääntö

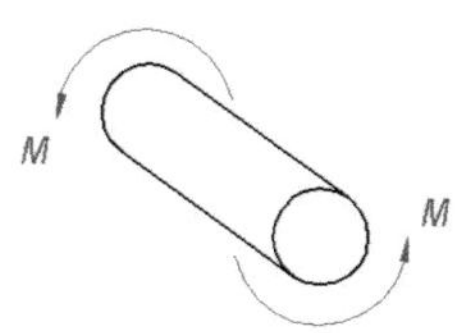

Kuva 2.1. Peruskuormitukset.

Seuraavassa esitetty ohje on tarkoitettu lähinnä asioiden kertaamiseen ja mieleen palauttamiseen eikä se korvaa erillisiä mekaniikan opintoja.

Palkkirakenteen tehtävän käsittely aloitetaan piirtämällä tutkittavan palkin **vapaakappalekuvio**. Sitä varten palkki irrotetaan ensin tukilaitteistaan. Tukilaitteet korvataan vastaavilla, tässä vaiheessa tuntemattomilla tukivoimilla (tukireaktioilla). Staattisesti määrätyssä tasotapauksessa (joihin tässä kirjassa pääosin rajoitutaan) tukivoimat ratkaistaan tasapainoyhtälöistä (3 kpl), jotka kirjoitetaan tavallisesti *x*-suuntaisten voimien ja kahden pisteen suhteen otettujen momenttien summana. Kun kappaleen tiedetään olevan tasapainossa, voidaan nämä kolme summaa merkitä nolliksi ja ratkaista tuntemattomat voimasuureet näin saaduista yhtälöistä. Tulos voidaan vielä tarkistaa laskemalla y-suuntaiset voimat yhteen, jolloin lopputulokseksi pitäisi tulla nolla.

Tukilaitteissa voidaan tavallisesti erottaa kolme eri tyyppiä: yhden, kahden ja kolmen arvoiset tuet (kuva 2.2). Yhden arvoinen tuki korvataan vapaakappalekuviossa yhdellä tuntemattomalla voimalla, kahden arvoinen tuki kahdella tuntemattomalla voimalla ja kolmen arvoinen tuki kahdella tuntemattomalla voimalla ja yhdellä tuntemattomalla momentilla. Tukivoimia laskettaessa voidaan tasaiset kuormat korvata niiden puoleen väliin vaikuttavalla vastaavalla pistevoimalla.

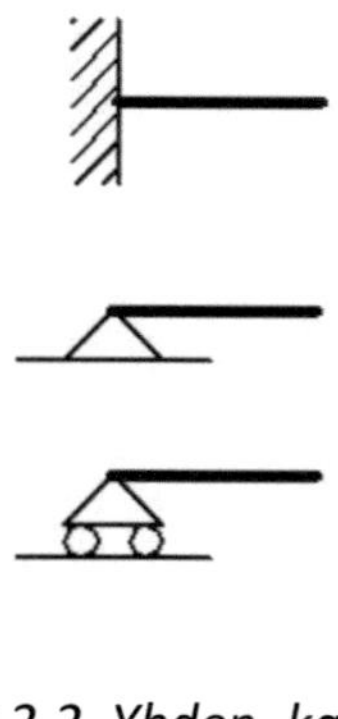

Kuva 2.2. Yhden, kahden ja kolmen arvoiset tuet alhaalta ylöspäin lueteltuina.

Staattisesti määrätty rakenne on silloin, kun siinä on (kuva 2.3)

- yksi kolmen arvoinen tuki,
- yksi kahden ja yksi yhden arvoinen tuki tai
- kolme yhden arvoista tukea.

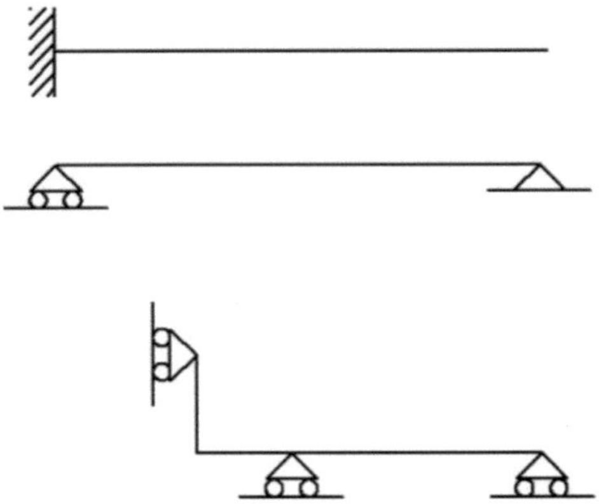

Kuva 2.3. Staattisesti määrätyt tuennat.

Muussa tapauksessa rakenne on staattisesti epämääräinen ja sen tukivoimia ei voida ratkaista tasapainoyhtälöistä. Tarkastellaan proseduuria esimerkkien valossa.

Esimerkki 2.1

Ratkaise kuvan 2.4 palkin tukivoimat ja piirrä leikkausvoima- ja taivutusmomenttikuviot.

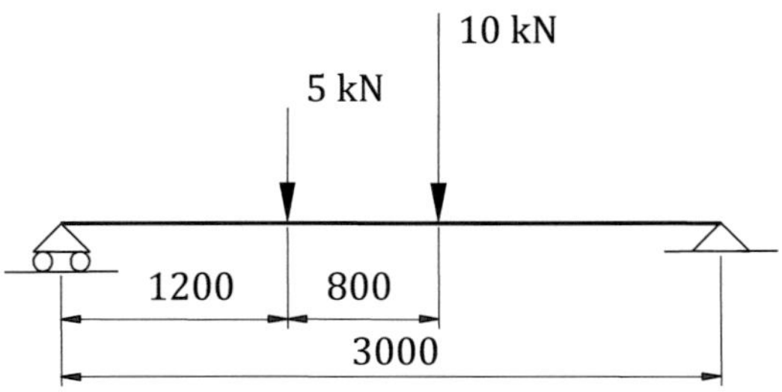

Kuva 2.4. Piirrä rasituskuviot.

Ratkaisu:

Tukilaitteissa voidaan tavallisesti erottaa kolme eri tyyppiä: yhden, kahden ja kolmen arvoiset tuet (kuva 2.2). Yhden arvoinen tuki korvataan vapaakappalekuviossa yhdellä tuntemattomalla

Rakenne on staattisesti määrätty, koska siinä on yksi yhden ja yksi kahden arvoinen tuki. Piirretään ensin palkin vapaakappalekuvio, jossa tuet on korvattu tuntemattomilla tukivoimilla (kuva 2.5).

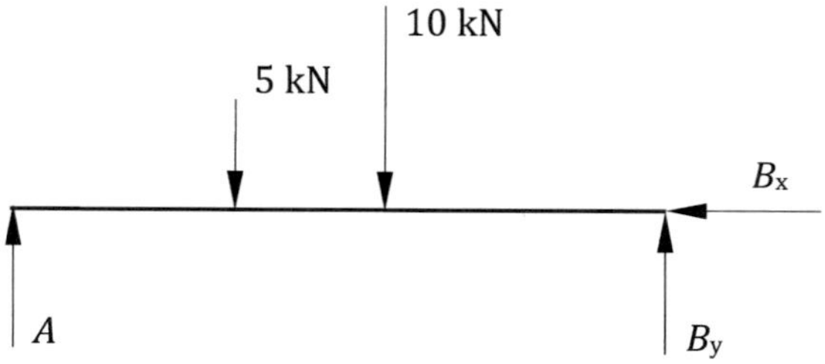

Kuva 2.5. Palkin vapaakappalekuvio.

Sen jälkeen kirjoitetaan tasapainoyhtälöt voimasummana *x*-suuntaan ja momenttisummina palkin päiden (pisteiden *A* ja *B*) suhteen. Momentin positiivinen kiertosuunta on vastapäivään.

$B:$

$$M_B = -A \cdot 3000\,\text{mm} + 5\,\text{kN} \cdot 1800\,\text{mm} + 10\,\text{kN} \cdot 1000\,\text{mm} = 0$$

$$\Rightarrow -A \cdot 3000\,\text{mm} = \text{-}\,5\,\text{kN} \cdot 1800\,\text{mm}\,\text{-}\,10\,\text{kN} \cdot 1000\,\text{mm}$$

$$\Rightarrow A = \frac{5\,\text{kN} \cdot 1800\,\text{mm} + 10\,\text{kN} \cdot 1000\,\text{mm}}{3000\,\text{mm}} = 6{,}33\,\text{kN}$$

$A:$

$$M_A = B_y \cdot 3000\,\text{mm}\,\text{-}\,10\,\text{kN} \cdot 2000\,\text{mm}\,\text{-}\,5\,\text{kN} \cdot 1200\,\text{mm} = 0$$

$$\Rightarrow B_y = 8{,}67\,\text{kN}$$

$$\text{Tarkistus}: 6{,}33\,\text{kN} + 8{,}67\,\text{kN} = 15\,\text{kN}\;\;\text{OK!}$$

Tässä tapauksessa normaalivoimakuviota ei tarvitse piirtää, koska palkilla ei ole normaalivoimarasituksia (eli B_x meni nollaksi).

Leikkausvoimakuvion piirtäminen aloitetaan oikeasta päästä ja edetään vasemmalle. Ensimmäisen vastaantulevan voiman (myös tukivoimien) kohdalla siirrytään voiman osoittamaan suuntaan voiman osoittama määrä ja jatketaan suoraviivaisesti vasemmalle, seuraavan vastaan tulevan voiman kohdalla tehdään sama temppu.

Näin päästään lopulta palkin vasempaan päähän, jossa palaudutaan takaisin alkutasolle (siis palkin keskiviivalle). Leikkausvoimista käytetään lujuusopissa vain itseisarvoja, mutta merkkisäännön mukaan palkin alapuolella on positiivinen leikkausvoima. Leikkausvoimakuvio on kuvassa 2.6.

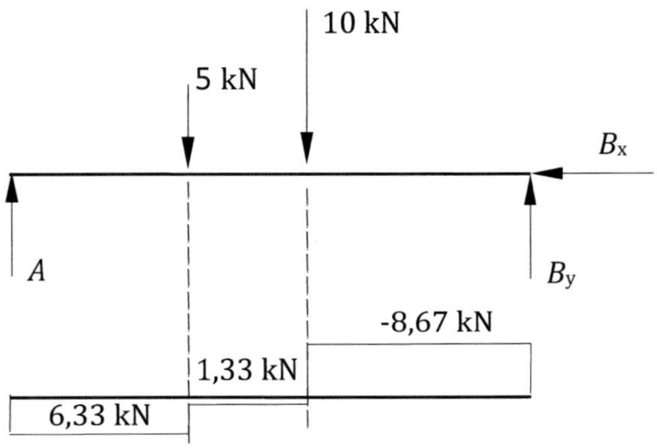

Kuva 2.6. Leikkausvoimakuvio (piirrettynä vapakappalekuvion alapuolelle).

Taivutusmomenttikuviota varten on laskettava taivutusmomentin arvot jokaisen voiman kohdalla tarkastelukohdan oikealta tai vasemmalta puolelta. Positiiviset taivutusmomentit aiheuttavat palkin yläpinnassa puristusta ja alapinnassa vetoa. Positiivinen puoli on palkin alapuoli. Kun nämä arvot on laskettu, voidaan piirtää kuvio yhdistämällä arvoja vastaavat pisteet suorilla viivoilla (kuva 2.7).

$$M_t(x = 1200\,\text{mm}) = A \cdot 1200\,\text{mm} = 6{,}33\,\text{kN} \cdot 1200\,\text{mm} = 7596\,\text{kNmm} \approx 7600\,\text{Nm}$$
$$M_t(x = 2000\,\text{mm}) = B_y \cdot 1000\,\text{mm} = 8{,}67\,\text{kN} \cdot 1000\,\text{mm} = 8670\,\text{kNmm} = 8670\,\text{Nm}$$

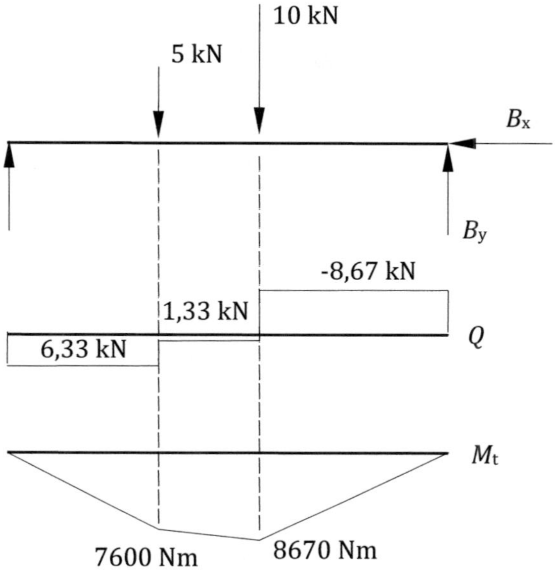

Kuva 2.7. Taivutusmomenttikuvio (piirrettynä leikkausvoimakuvion alle).

Esimerkki 2.2

Ratkaise kuvan 2.8 palkin tukivoimat ja piirrä leikkausvoima- ja taivutus-momenttikuviot.

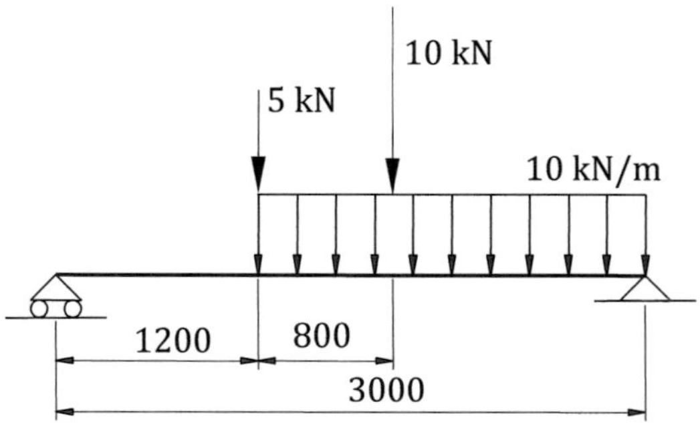

Kuva 2.8. Määritä palkin rasituskuviot.

Ratkaisu:

Piirretään ensin palkin vapaakappalekuvio (kuva 2.9), jonka avulla ratkaistaan tukireaktiot. Kirjoitetaan seuraavaksi tasapainoyhtälöt *x*-suuntaisten voimien ja palkin päiden (pisteiden *A* ja *B*) suhteen otettujen momenttien avulla.

$B:$

$M_B = -A \cdot 3000\,\text{mm} + 5\,\text{kN} \cdot 1800\,\text{mm} + 10\,\text{kN} \cdot 1000\,\text{mm}$

$+10\,\text{kN/m} \cdot 1{,}8\,\text{m} \cdot 900\,\text{mm} = 0$

$$\Rightarrow A = \frac{5\,\text{kN} \cdot 1800\,\text{mm} + 10\,\text{kN} \cdot 1000\,\text{mm} + 10\,\text{kN/m} \cdot 1{,}8\,\text{m} \cdot 900\,\text{mm}}{3000\,\text{mm}} = 11{,}7\,\text{kN}$$

$A:$

$M_A = B_y \cdot 3000\,\text{mm} - 10\,\text{kN} \cdot 2000\,\text{mm} -$

$5\,\text{kN} \cdot 1200\,\text{mm} - 10\,\text{kN/m} \cdot 1{,}8\,\text{m} \cdot 2100\,\text{mm} = 0$

$\Rightarrow B_y = 21{,}3\,\text{kN}$

$\text{Tarkistus}: 11{,}7\,\text{kN} + 21{,}3\,\text{kN} = 5\,\text{kN} + 10\,\text{kN} + 18\,\text{kN} = 33\,\text{kN OK!}$

Koska tässä tapauksessa kuormitukset sisältävät myös tasaisen kuorman, on rasituskuvioiden piirtämisprosessi hieman erilainen. Tasaisen kuorman alueella leikkaus-voimakuvio muuttuu lineaarisesti siten, että se kulkee tasaisen voiman alueella kuvion nuolten suuntaan tasaisen kuorman osoittaman määrän pituusyksikköä kohden.

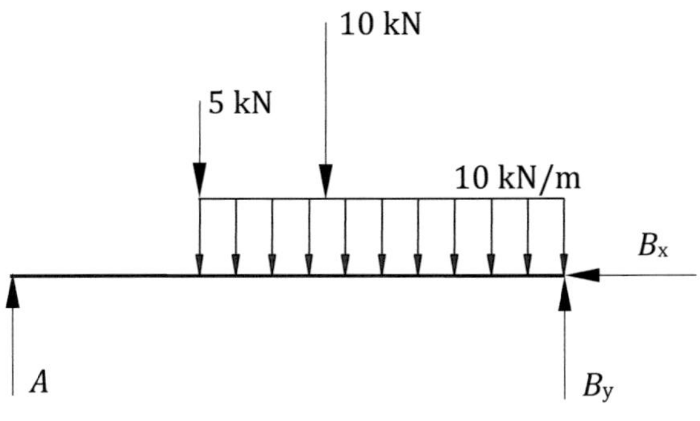

Kuva 2.9. Vapaakappalekuvio.

Jos tasaisen kuorman sisällä on pistevoimia, edetään kuten ilmankin tasaista kuormaa, eli piirrokseen tulee hyppäys voiman suuntaan. Sen jälkeen jatketaan taas tasaisen kuvion mukaista liikettä. Kun tasainen kuorma loppuu, jatkuu kuvio vaakasuorassa seuraavaan voimaan saakka.

Taivutusmomenttikuvio on tasaisen kuorman alueella paraabeli, joka aukeaa tasaisen kuorman nuolten osoittamaa suuntaa vastakkaiseen suuntaan. Yleensähän meitä kiinnostavat vain suurimmat taivutusmomentit, joten tässä tapauksessa riittää laskea paraabelin alku- ja loppupisteiden ja mahdollisen huippukohdan taivutusmomentit.

Mahdollinen huippukohta löytyy leikkausvoimakuvion nollakohdasta, mutta läheskään kaikissa tapauksissa sitä ei esiinny ensinkään. Tasaisen kuorman alueella olevien mahdollisten pistevoimien (myös tukien) kohdalla taivutusmomenttikuviossa on myös käännepiste.

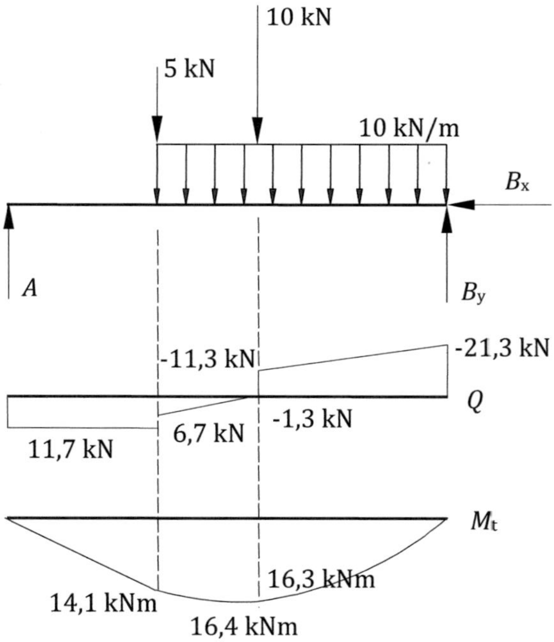

Kuva 2.10. Vapaakappale-, leikkausvoima- ja taivutusmomenttikuviot.

Esimerkki 2.3

Ratkaise kuvan 2.11 palkin tukivoimat ja piirrä leikkausvoima- ja taivutusmomenttikuviot.

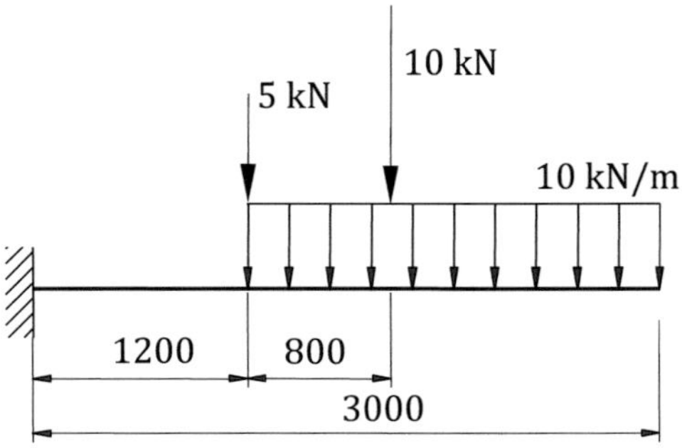

Kuva 2.11. Määritä palkin rasituskuviot.

Ratkaisu:

Ratkaisu tapahtuu analogisesti edellisten esimerkkien mukaan paitsi, että nyt tuenta on toteutettu yhdellä kolmen arvoisella tuella, joka korvataan vapaakappalekuviossa kahdella tuntemattomalla voimalla ja yhdellä tuntemattomalla momentilla (kuva 2.12).

Tukireaktiot voidaan laskea tavalliseen tapaan tasapainoyhtälöistä, joskaan niitä ei tässä tapauksessa välttämättä tarvita rasituskuvioiden piirtämisessä.

Leikkausvoima- ja taivutusmomenttikuviot (kuva 2.13) piirretään samalla tavalla kuin edellä. Taivutusmomentin arvo on laskettava kolmessa pisteessä.

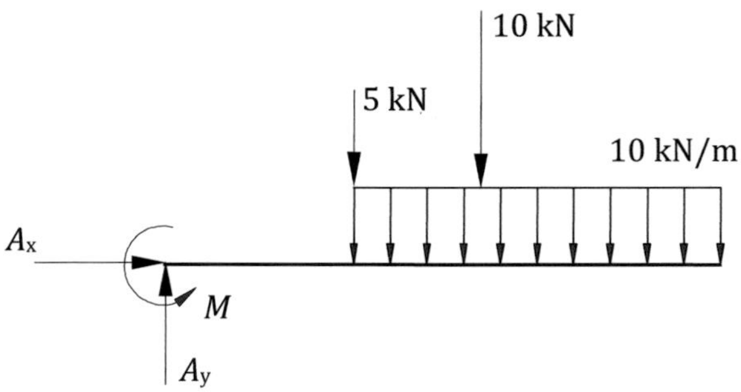

Kuva 2.12. Vapaakappalekuvio.

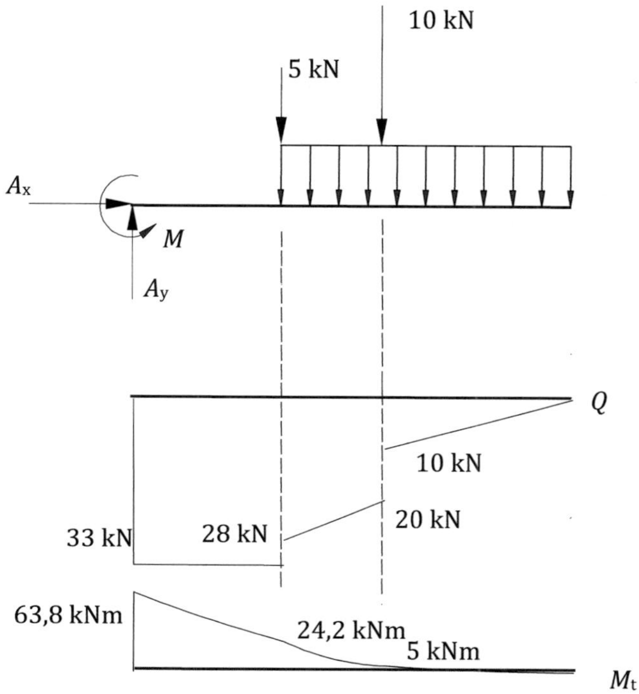

Kuva 2.13. Rasituskuviot.

Rasitusten selvittäminen käyttäen ATK-menetelmiä

Käsin laskenta on havainnollista, mutta auttamattoman vanhanaikaista. Nykyiset ATK-menetelmät ovat jo korvanneet sen useissa tapauksissa. Tutustumme seuraavassa muutamaan yksinkertaiseen vaihtoehtoon, jotka ovat vain pieni osa kaikista tarjolla olevista vaihtoehdoista. Taulukkolaskentaohjelman käytöllä saavutetaan huomattavia etuja lujuuslaskennassa. Kuvassa 2.14 on esimerkki taulukosta, jolla voidaan laskea staattisesti määrätyn palkin rasitukset halutussa pisteessä.

Taulukkoon syötetään palkin pituus ja maksimissaan neljä pistevoimaa etäisyysjärjestyksessä vasemmalta lukien. Ohjelma laskee tukivoimat ja etsii suurimman taivutusmomentin arvon.

Taulukko1.xls

	A	B	C	D	E	F
1	**Palkin rasitukset:**	**Päistään vapaasti tuettu palkki**				
2						
3	Palkin pituus (mm):	1000				
4	Pistevoima (N)	Etäisyys (mm)				
5	100	250	25000	42500	250	
6	100	500	50000	60000	500	
7	100	750	75000	52500	750	
8	100	800	80000	46000	800	
9	400		230000			
10						
11	Tukivoima, vas. (N):	170				
12	Tukivoima, oik. (N):	230				
13	Max. momentti (Nm)	60				
14						
15						

Taul1 / Taul2 / Taul3

Kuva 2.14. Rasitusten laskenta taulukkolaskentaohjelmalla.

Taulukko1.xls

	A	B	C	D	E
1	**Palkin rasitukset:**				
2					
3	Palkin pituus (mm):	1000			
4	Pistevoima (N)	Etäisyys (mm)			
5	100	250	=A5*B5	=B11*B5	=JOS(B5=0;1000;B5)
6	100	500	=A6*B6	=B11*E6-A5*(E6-B5)	=JOS(B6=0;1000;B6)
7	100	750	=A7*B7	=B$11*E7-A6*(E7-B6)-A5*(E7-B5)	=JOS(B7=0;1000;B7)
8	100	800	=A8*B8	=B$11*E8-A7*(E8-B7)-A6*(E8-B6)-A5*(E8-B5)	=JOS(B8=0;1000;B8)
9	=SUMMA(A5:A8)		=SUMMA(C5:C8)		
10					
11	Tukivoima, vas. (N):	=A9-B12			
12	Tukivoima, oik. (N):	=C9/B3			
13	Max. momentti (Nm):	=SUURI(D5:D8;1)/1000			
14					
15					

Taul1 / Taul2 / Taul3

Kuva 2.15. Kuvan 2.14 taulukon kaavat.

Kuvassa 2.15 on esitetty taulukon kaavat. Tässä esitetty esimerkki on erittäin yksinkertainen ja taulukkolaskentaohjelmalla pystyy helposti rakentamaan paljon monimutkaisempiakin sovelluksia.

Internetistä löytyy myös Free- ja Shareware-ohjelmia, jotka on tarkoitettu palkkilaskentaa varten. Esimerkiksi netistä voit ladata ohjelmat DT Beam ja MDSOLIDS, joilla voidaan erilaisten palkkirakenteiden rasitukset laskea hyvin helposti ja joille löytyy paljon käyttökohteita myös myöhemmin tämän kurssin aikana. Ohjelmista on tarjolla erilaisia kokeiluversioita ja täyden lisenssin hankintaa varten on varauduttava muutaman kymmenen euron menoerään. Tällaisten ilmaisohjelmistojen latailussa kannattaa olla tarkkana, ettei koneelle lipsahda mitään ylimääräistä harmillista.

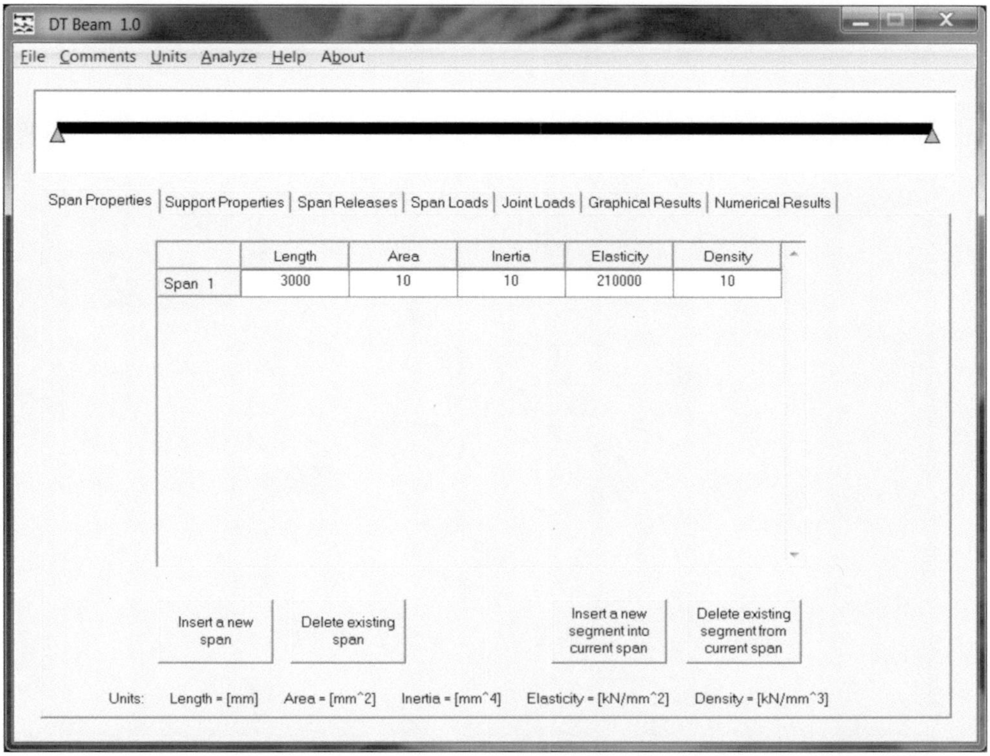

Kuva 2.16. Internetistä löytyy myös ilmaisia tai pientä maksua edellyttäviä ohjelmia.

Tutustutaan hieman DT Beam –ohjelmaan. Ohjelman aloitusikkunaan, syötetään ensin palkin tiedot (kuva 2.16). Kun laskemme vain rasituksia, ei palkin pinta-alalla tai muilla kuin pituustiedolla ole väliä.

Välilehdellä **Support properties** valitaan vasemmanpuoleisen tuen tyypiksi **Pinned** (nivel, kahden arvoinen tuki) ja oikeanpuoleiselle tuelle **Roller** (rulla, yhden arvoinen tuki). Välilehdellä **Span Loads** syötetään kuormitukset. Kohtaan **Distributed Loads** syötetään jakautuneet kuormat ja kohtaan **Concentrated Loads** vastaavasti pistekuormat. Nämä on esitetty kuvassa 2.17.

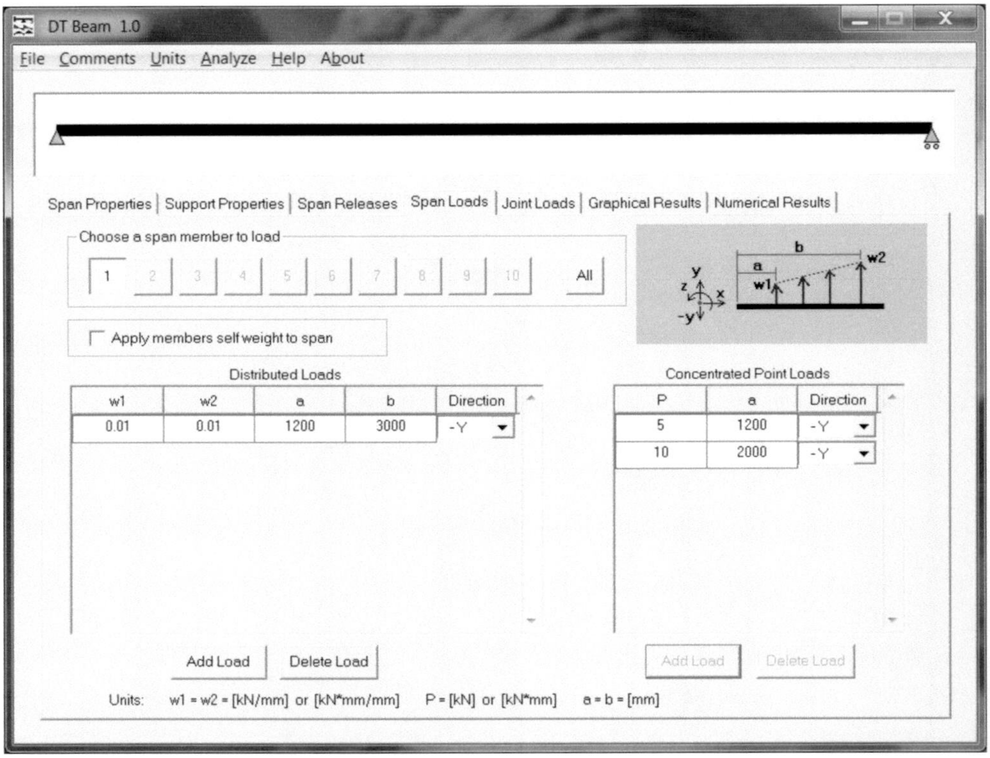

Kuva 2.17. Käyttöliittymän kautta syötetään palkin mitat ja kuormitukset.

Pistekuormalle on annettava sen etäisyys vasemmasta päästä eli **a,** suuruus eli **P** ja suunta eli **-Y**. Huomaa käytettävät yksiköt ohjelmaikkunan alalaidassa. Näitä voi muuttaa valikkokomennolla **Units**. Laskenta suoritetaan valitsemalla **Analyze** sen jälkeen, kun tarvittavat tiedot on syötetty. Rasituskuviot saadaan näkyviin diagrammeina valinnalla **Graphical Results** (kuva 2.18).

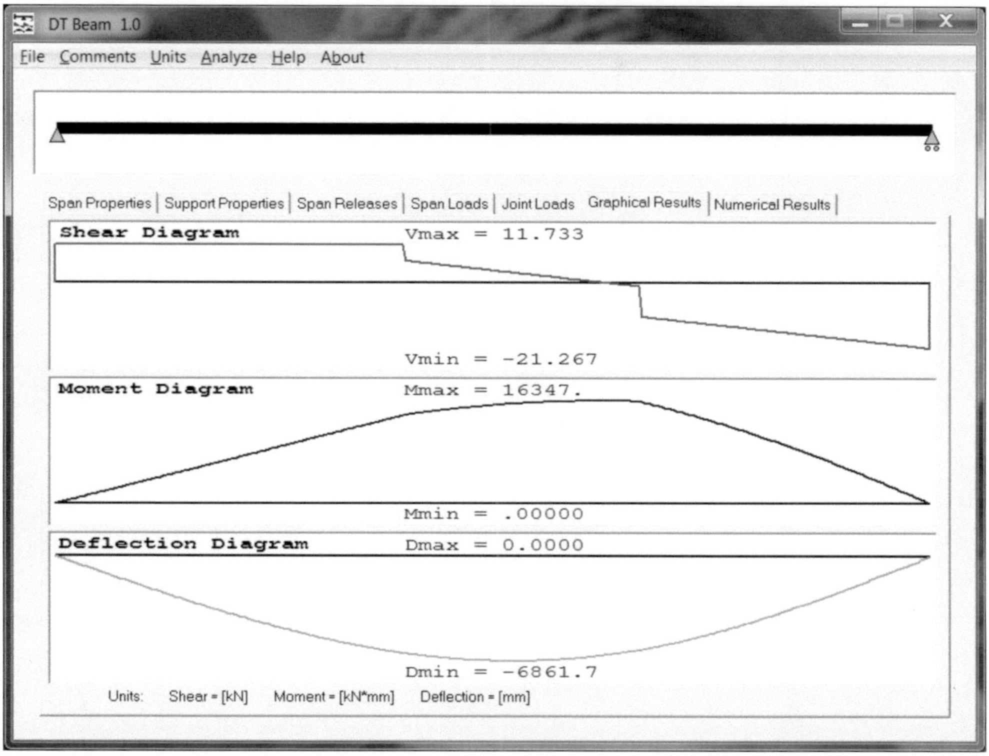

Kuva 2.18. Rasituskuviot (vrt. esimerkki 2.2).

Vastaavasti kuvissa 2.19 ja 2.20 esitetään määrittely ja rasituskuviot tapaukselle, jossa vasen tuki on kiinteä ja oikea vapaa (vrt. esimerkki 2.3).

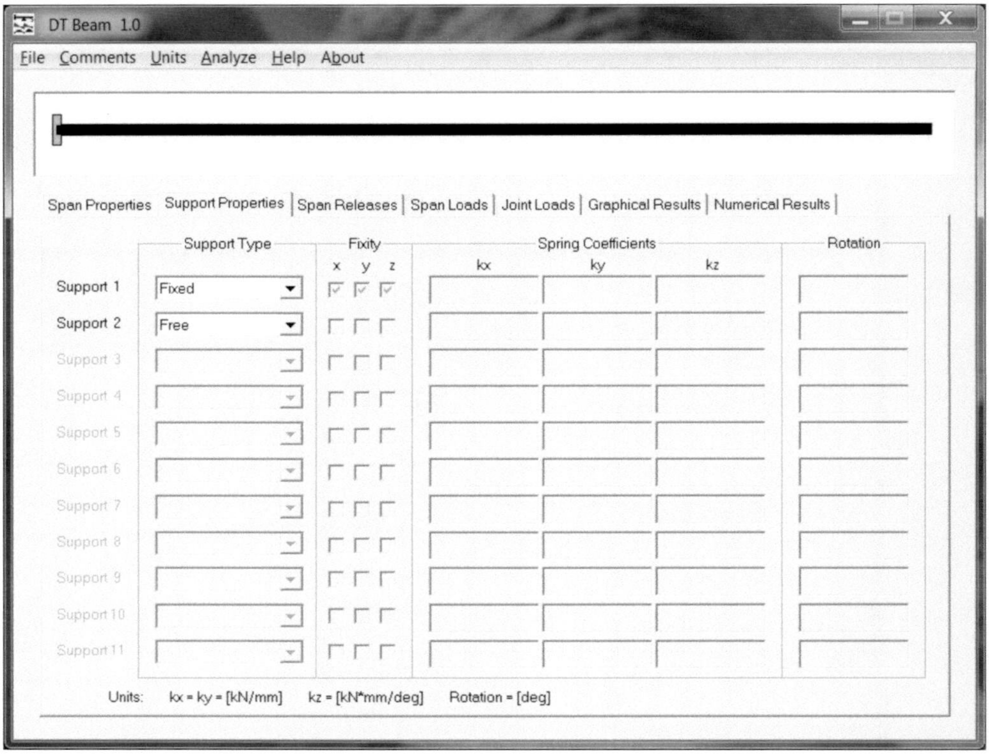

Kuva 2.19. Tuennan muutos.

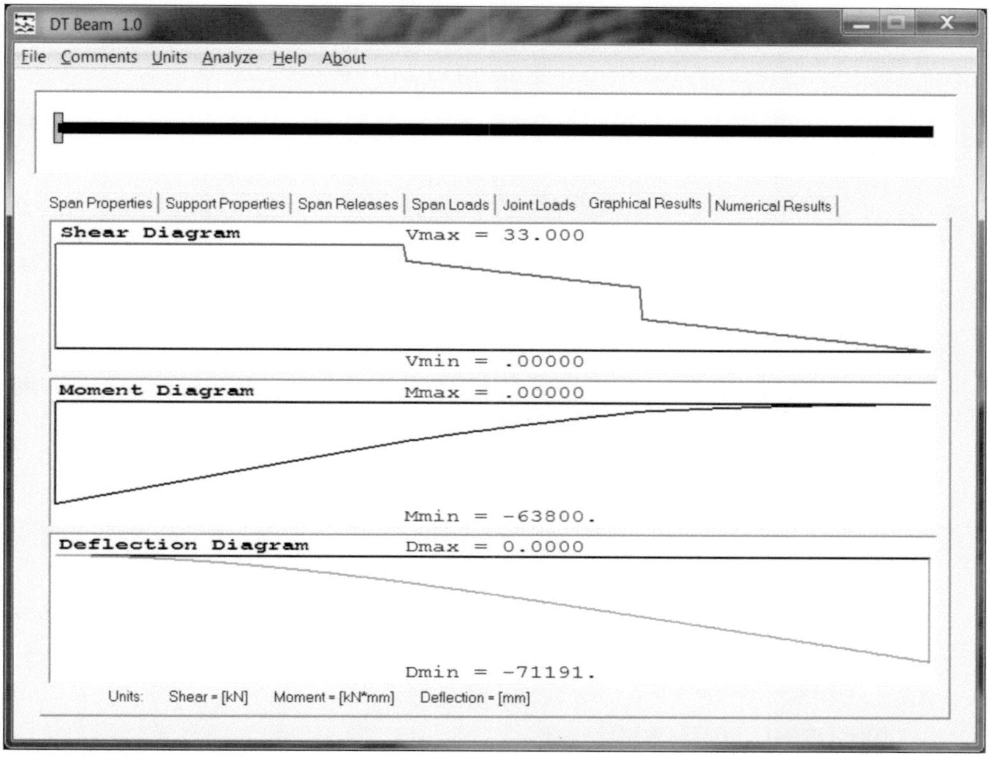

Kuva 2.20. Rasituskuviot.

Tehtäviä

2.1 Määritä seuraaviin tuotteisiin kohdistuvat ulkoiset kuormitukset ja perustele lyhyesti:

- Polkupyörän ketjun lenkki
- Oven kahva
- Nitoja
- Jakkara

2.2 Piirrä käsin kuvissa 2.21 ja 2.22 esitettyjen palkkien rasituskuviot ja etsi suurimman normaalivoiman, leikkausvoiman ja taivutusmomentin suuruus ja sijainti.

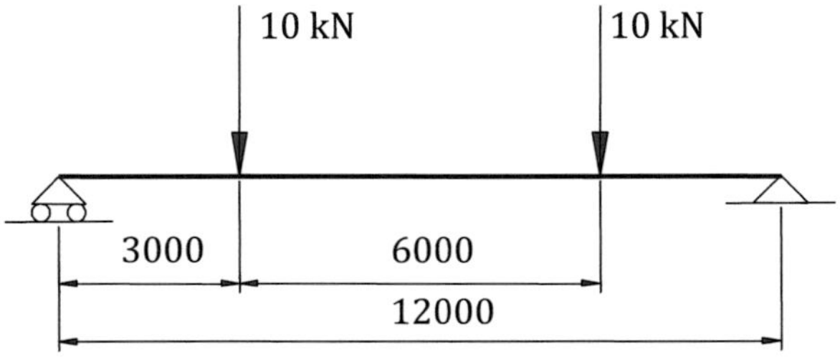

Kuva 2.21. Piirrä rasituskuvio.

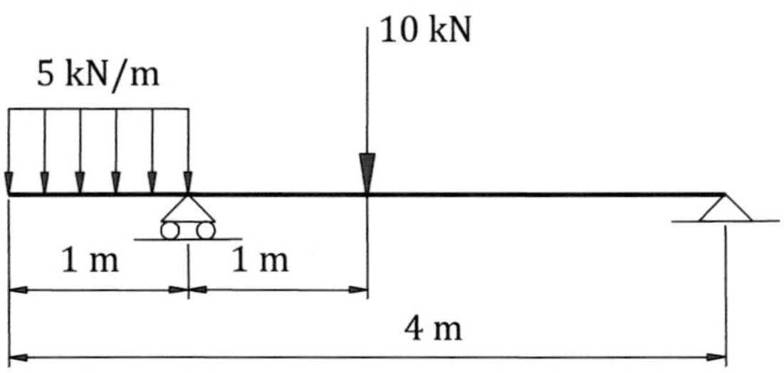

Kuva 2.22. Piirrä rasituskuviot.

2.3 Tarkista tehtävän 2.2 tulokset Internetistä lataamallasi laskentaohjelmalla.

2.4 Laadi taulukkolaskentaohjelmalla sovellus, jolla voit analysoida tehtävän 2.2 tyyppisiä rakenteita.

2.5 Piirrä kuvassa 2.23 esitettyjen rakenteiden rasituskuviot ja etsi suurimmat leikkausvoiman ja taivutusmomentin arvot käyttäen hyväksi taulukossa 2.1 annettuja arvoja.

2.6 Piirrä kuvissa 2.24 ja 2.25 esitettyjen rakenteiden rasituskuviot.

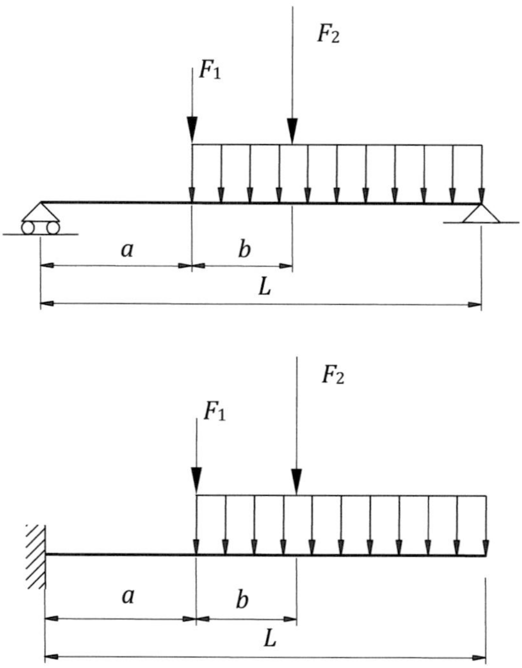

Kuva 2.23. Piirrä palkkien rasituskuviot käyttäen taulukossa 2.1 esitettyjä arvoja.

Taulukko 2.1. Tehtävän 2.5 alkuarvot.

l [m]	*a* [m]	*b* [m]	*q* [kN/m]	F_1 [kN]	F_2 [kN]
3	1	1	12	5	10
4	1,2	1,5	14	6	12
5	1,5	2	16	7	14
6	2	3	18	8	16

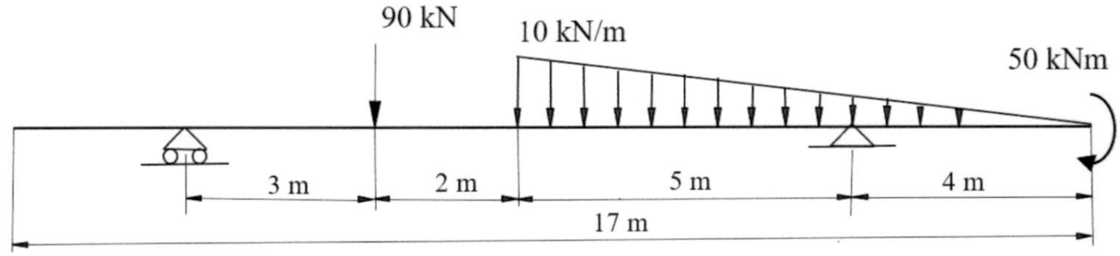

Kuva 2.24. Piirrä palkin rasituskuviot.

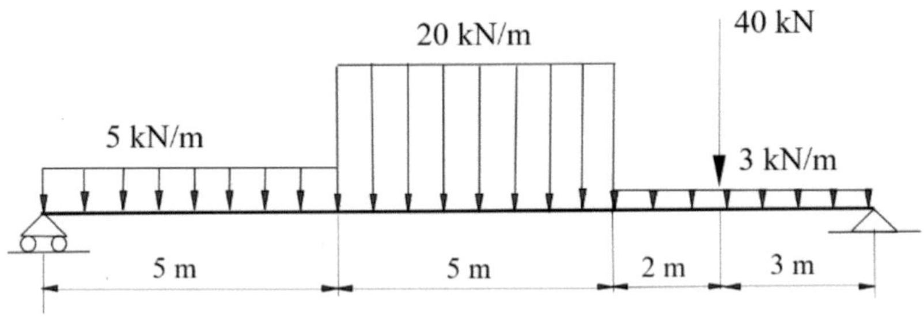

Kuva 2.25. Piirrä palkin rasituskuviot.

3

Materiaalit, sallitut jännitykset ja varmuus

Materiaalin valinta

Sallitut jännitykset ja varmuus

Sallittu muodonmuutos

Materiaalin valinnalla on suuri merkitys tuotteen elinkaarelle. Valinnan perustana ei koskaan pitäisi olla pelkästään kappaleen lujuus, vaan usein muut tekijät ovat määräävämpiä. Materiaalien ominaisuuksista ja valinnasta on olemassa runsaasti kirjallisuutta ja tässä yhteydessä ei siihen puoleen paneuduta enempää kuin on tarpeellista lujuuslaskennan kannalta. Materiaalin lujuusarvoja käytetään hyväksi määritettäessä sallittujen jännitysten ja muodonmuutosten arvoja.

Yleensä jännitysten ja muodonmuutosten sallitut arvot lasketaan kriittisistä arvoista jättämällä tietty varmuusmarginaali epävarmuustekijöiden huomioimista varten. Varmuusmarginaalia kutsutaan myös varmuuskertoimeksi ja sen valintaan on olemassa tiettyjä ohjeita, joskin usein valinta jää suunnittelijan kokemuksen varaan.

Materiaalin valinta

Materiaalien valinnasta ja ominaisuuksista löytyy kirjallisuutta paljon. Siksi tässä yhteydessä keskitytään esittelemään vain tärkeimpiä käsitteitä ja materiaalin valinnan menetelmiä lähinnä lujuuslaskennan kannalta.

Hiiliteräksillä on ollut jo parin vuosisadan ajan merkittävä asema korkeaa lujuutta vaativien rakenteiden edullisena materiaalina, eikä niiden voittajaa vielä tähän päivään mennessä ole ilmaantunut. Kuitenkin silloin, kun vaaditaan korkeaa lujuutta, kovuutta, korkeiden lämpötilojen sietoa tai korroosionkestävyyttä, joudutaan turvautumaan voimakkaammin seostettuihin teräksiin. Tällöin seosaineina käytetään mm. nikkeliä, molybdeeniä, kromia ja mangaania. Liitteessä A on esitetty joitakin taulukoita erilaisten materiaalien ominaisuuksista. Kattavampia taulukoita löytyy mm. käsikirjoista ja myös Internetistä.

Suuri osa materiaaleista noudattaa Hooken lakia. Tämän peruslain mukaan materiaaliin syntyy ennustettavissa oleva lineaarinen muodonmuutos kuormituksen johdosta. Lakia noudattavia materiaaleja kutsutaan elastisiksi ja niiden käyttäytymistä kuormituksen johdosta elastiseksi muodonmuutokseksi. Elastinen muodonmuutos on palautuva sallien kappaleen paluun takaisin alkuperäisiin mittoihinsa, kun kuormitus poistetaan. Tällainen toiminta havaitaan esimerkiksi jousissa: kun niitä kuormitetaan voimalla, ne muuttavat muotoaan sitä enemmän mitä suurempi voima on. Kun voima poistetaan, jousi palautuu alkuperäiseen muotoonsa.

Materiaalin valinta on usein varsin vaativa tehtävä. Tämä johtuu ensinnäkin siitä, että suunnittelijalla on käytettävissään kymmeniä tuhansia erilaisia materiaalivaihtoehtoja. Lisäksi materiaalin valinta johtaa usein hyvin moniulotteiseen optimointitehtävään, jonka ratkaiseminen harvoin onnistuu matemaattisin keinoin. Siksi suunnittelijan kokemuksella onkin yleensä suuri merkitys materiaalin valinnan onnistumisessa.

Ennen kuin materiaalin valinta voidaan suorittaa, on tiedettävä reunaehdot, joiden puitteissa suunniteltavan kohteen on toimittava. Tällaisia ovat esimerkiksi:

- Suunniteltavan osan haluttu elinikä
- Suunniteltavan kohteen dimensiot
- Muut materiaalit, joihin kohde on kosketuksissa
- Lämpötila-alue, jossa kohde toimii

- Kemiallinen ympäristö, jossa kohde toimii
- Kohteeseen vaikuttavat mekaaniset kuormitukset.
- Reunaehtojen määrittelyn jälkeen voidaan asettaa vaatimukset materiaalin ominaisuuksille. Tällaisia ovat esimerkiksi
    - Valmistusominaisuudet, kuten muovattavuus, hitsattavuus, lämpökäsiteltävyys jne.
    - Käyttöominaisuudet, kuten jäykkyys, lujuus, fyysiset ominaisuudet jne.
    - Saatavuusominaisuudet, kuten materiaalin ja valmistusprosessin aiheuttamat kustannukset ja saatavuus jne.

Vaatimukset on hyvä esittää mahdollisuuksien mukaan mitattavina suureina. Jos esimerkiksi kohde tulee toimimaan hyvin korroosioalttiissa ympäristössä, voidaan asettaa vaatimus, että materiaalin korroosio-ohentuma saa olla maksimissaan 0,1 mm/vuodessa.

Vaatimukset täyttäviä materiaaleja on yleensä useita. Näiden joukosta valitaan paras vaihtoehto optimoimalla. Optimoimalla pyritään minimoimaan esimerkiksi yksi tai useampia seuraavista kohteen ominaisuuksista:

- Massa
- Tilavuus
- Kustannukset
- Energiankulutus
- Ympäristövaikutukset

Materiaaliominaisuuksia voidaan myös vertailla kuvan 3.1 mukaisesti sijoittamalla ne kahden muuttujan mukaan koordinaatistoon.

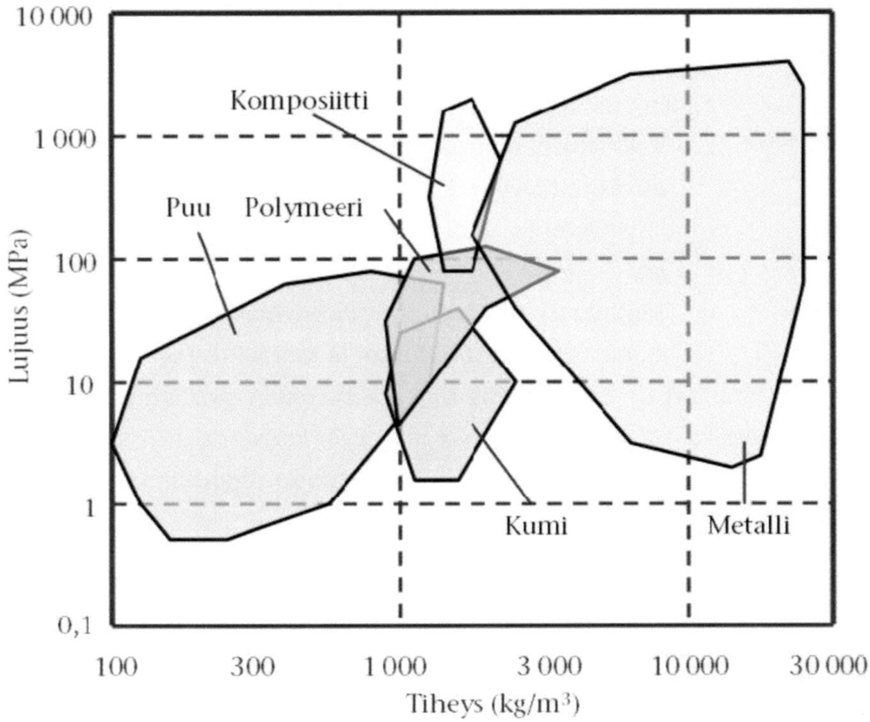

Kuva 3.1. Materiaaliominaisuuksien vertailua.

Sallitut jännitykset ja varmuus

Kappaleessa vaikuttavaa jännitystä merkitään kreikkalaisilla kirjaimilla siten, että ns. normaalijännitystä vastaa kirjain σ (sigma) ja leikkausjännitystä kirjain τ (tau). Perehdymme myöhemmin jännitysten käsitteeseen ja laskentaan tarkemmin, mutta tässä vaiheessa voimme jo todeta, että kaikille rakenteessa vaikuttaville jännityksille on yhteistä, että ne eivät saa tulla liian suuriksi, koska silloin on olemassa liian suuren muodonmuutoksen tai murtumisen vaara. Sen vuoksi rakenteet mitoitetaan aina niin, että jännitys (tai muodonmuutos) nousee vain sallittuun arvoon (σ_{sall} tai τ_{sall}).

Sallituksi jännitykseksi valitaan staattisen kuormituksen yhteydessä tavallisesti jokin määräosa materiaalin myötörajasta tai sitä vastaavasta lujuusarvosta. Vaihtelevien kuormien tapauksessa sallittu jännitys määritetään erillisen menetelmän mukaisesti, johon palataan tarkemmin myöhemmin.

Jos rakenteessa vaikuttava suurin jännitys ja materiaalin lujuus tunnetaan tarkasti ja jos edelleen sallittu jännitys on suurempi kuin kappaleessa vaikuttava jännitys, voidaan varmuudella sanoa, että kappale kestää siihen vaikuttavan kuormituksen. Käytännössä mainittuja arvoja ei kuitenkaan tunneta tarkasti, jolloin tarvitaan varmuusmarginaali, jota nimitetään varmuuskertoimeksi ja merkitään yleensä kirjaimella *n*.

Varmuuskertoimella onkin varsin pitkä historia. Jo muinaisessa Roomassa sillan rakentajan tuli sen valmistuttua seistä sillan alla, kun sen yli ajettiin vaunuilla. Tällainen luotettavuustesti tietenkin asetti sekä sillan rakentajan (joka usein oli myös sen suunnittelija) sekä sen käyttäjät hengenvaaraan mikäli oli käytetty liian pieniä varmuuskertoimia.

Varmuuskerroin voidaan määritellä seuraavalla kaavalla:

$$n = \frac{\text{Kantokyky}}{\text{Kuorma}} = \frac{\text{Lujuus}}{\text{Jännitys}} > 1$$

Varmuuskertoimen tulee näin ollen aina olla ykköstä suurempi. Suurempi varmuuskerroin merkitsee varmempaa toimintakykyä, mutta samalla raskaampaa ja kalliimpaa rakennetta.

Käytännön kokemus on osoittanut, että materiaalin lujuusarvot vaihtelevat jopa samasta testikappaleesta mitattunakin. Eri lähteistä otetut materiaalien lujuusarvot saattavat vaihdella jopa 15 % toisistaan. Kappaleessa todellisuudessa vaikuttava jännitys saattaa vaihdella huomattavasti enemmänkin lasketusta arvosta, koska se riippuu kuormituksesta, kappaleen geometriasta, kriittisen jännityksen sijainnin havaitsemisesta ja käytetystä laskentamenetelmästä.

Varmuusluku kertoo kriittisen arvon (siis arvon, jolla kappale menettää toimintakykynsä), joka voi olla esimerkiksi materiaalin myötöraja R_e, ja suurimman kappaleessa vaikuttavan jännityksen suhde. Varmuus on yleensä 1,3...4-kertainen kriittiseen arvoon nähden. Jos varmuuskerroin valitaan suureksi, rakenteesta tulee suurikokoinen, raskas ja kallis. Siksi aina pyritään mahdollisimman pieneen varmuuteen, eli valitaan mahdollisimman suuri σ_{sall}. Oikean varmuusluvun valitseminen on vaikea tehtävä, joka vaatii teknistä asiantuntemusta. Varmuusluvun valintaan vaikuttavat mm. seuraavat kysymykset (Hietikko & Lehtonen):

- Miten tarkkaan tunnetaan juuri sen aineen lujuusominaisuudet, josta kappale tehdään: esim. valuraudan lujuus voi yllättävästi vaihdella enemmän kuin terästen lujuus.
- Miten tarkkaan kappaletta rasittavat voimat tunnetaan tai otetaan huomioon laskelmissa.
- Vaaditaanko kappaleelta pitkää ikää, jonka aikana se voi olla syöpymiselle tai kulumiselle alttiina, esim. sillat.
- Aiheuttaako rakenteen vioittuminen ihmishenkien menetyksiä tai merkittäviä taloudellisia tappioita, esim. henkilöhissit, höyrykattilat.
- Miten merkityksellinen kussakin yksityistapauksessa rakenteen koko, paino tai hinta on: esim. lentokoneessa keveys on hyvin tärkeää, siis pieni varmuusluku.
- Miten oikea ja tarkka on laskutapa, jolla kappale mitoitetaan.

Useimmiten varsinkaan alustavissa laskuissa ei käytetä varmuuslukua, vaan valitaan suoraan sallittu jännitys aikaisemman kokemuksen, harkinnan tai taulukoiden mukaan. Näin valittuja jännityksiä ei kuitenkaan ilman muuta saa käyttää rakenteissa (esim. paineastiat, sillat, hissit, monet sähkölaitteet ym.), joiden mitoituksesta määräävät valtion viranomaisten antamat asetukset tai muut määräykset.

Varmuusluku voidaan myös tarvittaessa määrittää erityisen menetelmän avulla, jossa se pilkotaan osiin ja kullekin osalle valitaan oma arvo ja lopuksi osa-arvot yhdistetään yhdeksi varmuuskertoimeksi. Varmuusluku saadaan tällöin kaavasta (Ullman):

$$n = n_m * n_s * n_g * n_a * n_l$$

n_m = materiaalikerroin, joka voi olla:

- 1,0, jos käytetyn materiaalin arvot ovat hyvin tunnetut, testatut juuri samasta materiaalista, jota kappaleessa on käytetty ja vastaavilla kuormituksilla, joita kappaleeseen kohdistuu.
- 1,1, jos materiaaliominaisuudet on saatavissa käsikirjoista tai valmistajien luetteloista
- 1,2 - 1,4, jos materiaaliominaisuuksia ei tunneta tarkasti.

n_s = jännityskerroin, joka voi olla:

- 1,0 - 1,1, jos kappaleeseen kohdistuvat kuormitukset ovat staattiset ja ne tunnetaan tarkasti eikä ole vaaraa iskuista tai ylikuormituksista ja laskennassa on käytetty tarkkaa ja luotettavaa menetelmää.
- 1,2 - 1,3, jos kuormitus on määritetty keskimääräisellä menetelmällä, ylikuormitusten vaara on 20 - 50 % ja jos käytetyn laskentamenetelmän luotettavuus on yli 50 %.
- 1,4 - 1,7, jos kuormituksista on vain oletuksia ja arvioita ja käytetty laskentamenetelmä on epävarma.

n_g = geometriakerroin, joka voi olla:

- 1,0, jos valmistuksessa käytetyt toleranssit ovat tiukat ja niistä pidetään kiinni
- 1,1, jos valmistuksessa käytetyt toleranssit ovat väljät
- 1,2, jos kappaleen mittoja todennäköisesti muutetaan valmistuksen aikana.

n_a = analyysikerroin, joka voi olla:

- 1,0 - 1,1, jos käytetty vaurioanalyysi perustuu yksinkertaisiin jännitystasoihin, tarkkaan laskettuihin vaihteleviin jännityksiin tai selviin moniaksiaalisiin jännityksiin
- 1,2, jos vaurioanalyysi on jokin edellä mainittujen yhdistelmä
- 1,3 - 1,5, jos vaurioanalyysityyppiä ei ole tarkkaan määritetty.

n_l = luotettavuuskerroin, joka voi olla:

- 1,1, jos kappaleen luotettavuuden ei tarvitse olla korkea (esim 90 %).
- 1,2 - 1,3, jos kappaleen luotettavuuden tulee olla korkea (esim. 92 - 98 %)
- 1,4 - 1,6, jos kappaleen luotettavuuden tulee olla erittäin korkea (esim. yli 99 %).

Edellä mainitulla kaavalla laskien voidaan varmuuskertoimessa päästä siis arvoihin, jotka ovat välillä 1,1 - 6,8.

Tuntemattomien kuormitusolosuhteiden vaikutus rakenteisiin voi olla yllättävän suuri. Ehkä tunnetuin esimerkki tästä on Tacoman sillan romahdus. Ensimmäinen Tacoman kapeikon ylittävä silta, Tacoma Narrows Bridge, pilkkanimeltään "Galloping Gertie" ('Laukkaava Gertie') avattiin 1. heinäkuuta 1940, mutta se sortui dramaattisesti 7. marraskuuta vain neljä kuukautta avajaisten jälkeen. Jo alussa Tacoman sillan kansi huojui tuulessa silmin nähtävästi. Aamupäivällä 7. marraskuuta 1940 tuulen nopeus oli noin 20 m/s. Siltakansi huojui tavallista voimakkaammin ja siksi väkeä tuli katsomaan sitä. Lopulta kello 11 maissa riipputankojen ja kansirakenteiden kiinnitys petti ja sen seurauksena pääjänteen rakenne sortui veteen. Henkilövahingoilta vältyttiin, sillä silta oli suljettu liikenteeltä. Onnettomuudessa menehtyi ainoastaan Tacoma News Tribune -lehden paikalle tulleen toimittajan Leonard Coatsworthin koira Tobby.

Sallittu muodonmuutos

Monilta kannattavilta taivutuksenalaisilta rakenteilta vaaditaan riittävää jäykkyyttä. Tämä ilmaistaan usein suhteellisena taipumana y/l, siis kimmoisen taipuman suhteena palkin pituuteen tai jänneväliin. Tämän sallittu suuruus riippuu paljon rakenteen laadusta ja tarkkuusvaatimuksista. Koneiden akseleissa voidaan 1/3 mm metriä kohden pitää kohtuullisena taipumana, siis suhteellinen taipuma on 1:3000. Monissa vähemmän tarkoissa rakenteissa sallitaan suhteellista taipumaa

1:1000...1:400. Taipumalla on jännitystä suurempi merkitys pitkissä ja ohuissa rakenteissa. (Hietikko & Lehtonen).

Myöhemmin tulemme huomaamaan, että muodonmuutoksiin vaikuttava materiaaliominaisuus on kimmokerroin. Jos materiaalina käytetään esimerkiksi terästä, voidaan rakenteeseen, jonka mitoituksen määrää muodonmuutos, valita lujuusominaisuuksiltaan heikompaa ja samalla halvempaa terästä, koska kaikilla teräslaaduilla kimmokerroin on suunnilleen yhtä suuri.

Tehtäviä

3.1 Etsi kirjallisuudesta tai Internetistä myötörajan, kimmokertoimen ja tiheyden arvot puulle, ruostumattomalle teräkselle, keraamille ja muoville. Yritä myös selvittää, jos mahdollista, aineen hinta. Aineiden tarkemmat laadut voit valita vapaasti.

3.2 Vertaile edellisen kohdan materiaaleja massan ja lujuusominaisuuksien (myötöraja) kannalta. Mikä niistä on keveyden kannalta edullisin valinta, kun mitoituksen määrää lujuus? Entä jos mitoitus tapahtuu sallitun muodonmuutoksen perusteella? Kuinka tilanne muuttuu, jos hinta otetaan mukaan?

3.3 Mikä kohta tai osa seuraavissa tuotteissa on kriittisin mitoituksen kannalta? Valitse ko. kohdalle sopiva varmuuskerroin.

- Polkupyörän ketjun lenkki
- Oven kahva
- Nitoja
- Jakkara

3.4 Pohdi millainen rooli yrityksellä ja erehdyksellä on ollut materiaalien ja rakenteiden käyttäytymisen määrittelemisessä ennen ja nyt.

3.5 Muistuuko mieleesi uutisia rakennusten tai rakenteiden vaurioitumisista? Millainen tilanne oli? Mitä tapahtui ja mistä kaikki lopulta johtui?

3.6 Muistatko kuulleesi sadun sudesta ja kolmesta pienestä porsaasta? Siinähän ainoa talo, joka kesti suden puhalluksen oli rakennettu tiilistä. Mutta entä jos talot olisikin rakennettu maanjäristysalueelle? Mikä materiaali olisi silloin paras? Entä jos alueella, jossa talot sijaitsevat onkin suuria lämpötilan vaihteluita?

4

Veto- ja puristus

Normaalivoima

Venyminen

Lämpöjännitykset

Veto ja puristus ovat lujuuslaskijan kannalta yksinkertaisia ja helposti hallittavia kuormituksia, joskin puristuksen muuttuessa nurjahdukseksi, hankaloituu tilanne hieman. Vedon tai puristuksen kohteena on usein sauvamainen kappale, joita esiintyy esimerkiksi ristikkorakenteissa. Ristikkohan on rakenne, jossa sauvoihin kohdistuu vain veto- tai puristuskuormituksia.

Tilanteet voivat olla joko staattisesti määrättyjä, jolloin rasitukset selviävät normaalien tasapainoehtojen perusteella, tai staattisesti epämääräisiä, jolloin joudutaan käyttämään siirtymäehtoja hyväksi. Veto- ja puristustapauksiin luokitellaan tässä mukaan myös lämpötilan muutoksista johtuvat muodonmuutokset ja rasitukset sekä kuormitustasoa vastaan kohtisuorat muodonmuutokset.

Normaalijännitys

Kun sauvan muotoiseen kappaleeseen vaikuttaa sen pituusakselin suuntainen voima eli normaalivoima, sauva joutuu joko veto- tai puristuskuormituksen alaiseksi. Kuvassa 4.1 on esitetty vetokuormituksen alainen sauva. Jos tarkastellaan tilannetta sauvan mielivaltaisessa poikkileikkauspinnassa *a-a*, huomataan, että sen ylä- ja alapuolisten osien välillä täytyy vallita jännitystila, joka estää yläosaa liikkumasta ylöspäin ja alaosaa puolestaan alaspäin.

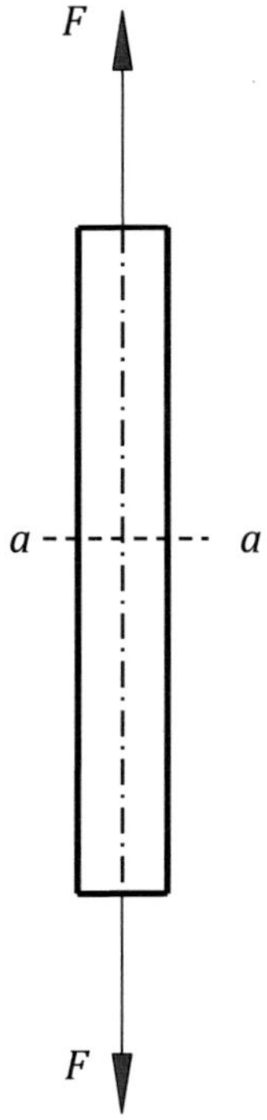

Kuva 4.1. Normaalivoiman rasittama sauva.

Jos poikkileikkauksen pinta-ala on A ja voima F kuormittaa tasaisesti jokaista poikkileikkauksen osaa, pintayksikköä kohden tuleva voimaosuus aiheuttaa normaalijännityksen, joka saadaan kaavasta:

$$\sigma = \frac{F}{A}$$

Positiivista normaalijännitystä sanotaan vetojännitykseksi ja negatiivista puristusjännitykseksi. Jännityksen yksikkönä käytetään SI-yksikköjärjestelmän mukaista paineen yksikköä Pa (Pascal), joka vastaa perusyksiköitä N/m^2. Koska lukuarvot Pascaleina tulevat yleensä varsin suuriksi, on joustavampaa käyttää yksikköä MPa (N/mm^2).

Esimerkki 4.1

Kaksi levyä on kiinnitetty M20–ruuvilla kuvan 4.2 mukaisesti. Ruuvia on kiristetty niin, että siinä vaikuttaa 50 kN:n voima. Kuinka suuri jännitys ruuvissa on? Mikä on varmuus myötöön nähden, jos ruuvin lujuusluokka on 8.8?

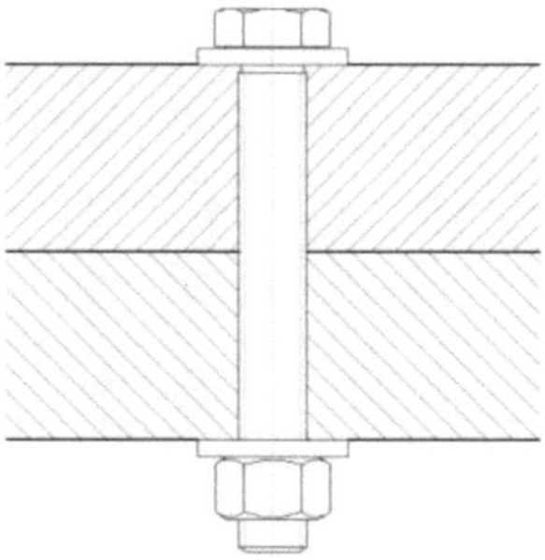

Kuva 4.2. Määritä ruuvin jännitys ja varmuuskerroin.

Ratkaisu:

Jännityksen laskemiseksi tarvitaan ruuvin poikkipinta-ala. Sellainen löytyy taulukosta, jollainen on esitetty useissa alan kirjoissa. Ruuvin M20 nimellishalkaisijahan on 20 mm, jonka mukaan poikkipinta voidaan myös laskea. Jos voiman vaikutusalueelle sattuu kierre, jännitystä vastaanottava pinta-ala on kuitenkin tätä pienempi. Useissa taulukoissa onkin oma sarake kierteen kohdalla olevalle jännityspoikkipinnalle. M20–ruuvilla se on 245 mm^2. Koska tässä tapauksessa kierre sattuu voiman vaikutusalueelle, käytetään laskennassa jännityspoikkipinta-alaa.

$$\sigma = \frac{F}{A_s}$$

$$\sigma = \text{normaalijännitys}$$

$$F = \text{ruuvissa vaikuttava voima}$$

$$A_s = \text{jännityspoikkipinta}$$

$$\sigma = \frac{F}{A_s} = \frac{50000 \text{ N}}{245 \text{ mm}^2} = 204{,}1 \text{ MPa}$$

Varmuuskerrointa varten tarvitaan ruuvimateriaalin myötörajan arvoa. Lujuusluokan 8.8 ruuville saadaan myötöraja megapascaleina yksinkertaisesti kertomalla lujuusluokan luvut keskenään ja tulos vielä kymmenellä. Myötöraja on siis 640 MPa. Varmuuskerroin saadaan sen jälkeen jakamalla myötöraja ruuvissa vaikuttavalla todellisella jännityksellä.

$$n = \frac{R_e}{\sigma} = \frac{640 \text{ MPa}}{204{,}1 \text{ MP}a} = 3{,}1$$

Käytännössä varmuuskerroin 3,1 tarkoittaa sitä, että kuormitus ruuvissa voi vielä kasvaa 3,1 -kertaiseksi ennen kuin ruuvimateriaalin myötöraja on saavutettu.

Esimerkki 4.2

Kuvassa 4.3 on esitetty kolme sauvan poikkipintaa. Jos sauvaan a vaikuttaa 5 kN vetovoima, kuinka suuri jännitys siihen syntyy? Mitkä pitäisi mittojen *b* ja *c* olla, jotta kahdessa muussa poikkipinnassa jännitykset olisivat yhtä suuret kuin poikkipinnassa *a*?

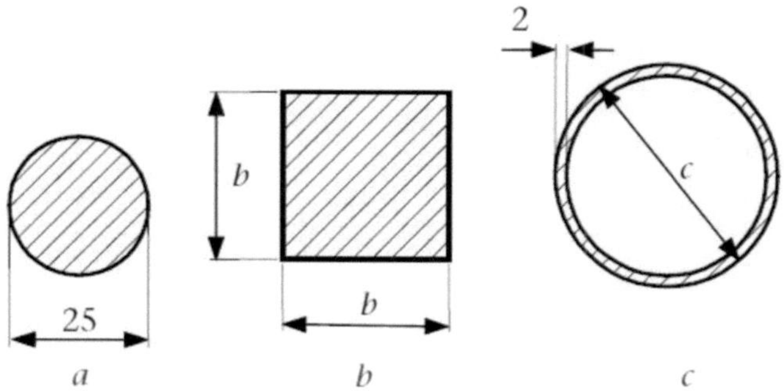

Kuva 4.3. Määritä sauvojen jännitykset ja dimensiot.

Ratkaisu:

Jännityksen laskemiseksi tarvitaan taas sauvojen poikkipinta-alat.

$$A_a = \frac{\pi \cdot d^2}{4}$$

$$A_a = \frac{\pi \cdot 25^2\,\text{mm}^2}{4} = 490{,}9\ \text{mm}^2$$

$$A_b = b \cdot b = b^2$$

$$A_c = \frac{\pi \cdot (d_1^2 - d_2^2)}{4}$$

Putkessa *c* ulkohalkaisija d_1 = c ja sisähalkaisija $d_2 = c - 4$ mm. Sijoitetaan nämä edelliseen yhtälöön.

$$A_c = \frac{\pi \cdot [c^2 - (c - 4\ \text{mm})^2]}{4} = \frac{\pi \cdot [c^2 - (c^2 - 8\ \text{mm} \cdot c + 16\ \text{mm}^2)]}{4}$$

$$A_c = \pi \cdot (c \cdot 2\ \text{mm} - 4\ \text{mm}^2)$$

Sen jälkeen lasketaan ensin jännitys ympyräpoikkipinnassa.

$$\sigma_a = \frac{F}{A_a} = \frac{5000\ \text{N}}{490{,}9\ \text{mm}^2} = 10{,}2 \frac{\text{N}}{\text{mm}^2} = 10{,}2\ \text{MPa}$$

Saadun jännityksen avulla ratkaistaan kahden muun poikkipinnan tuntemattomat suureet ensimmäisen asteen yhtälöistä.

$$\sigma_b = \frac{F}{A_b} = \frac{5000\ \text{N}}{b^2} = 10{,}2\ \text{MPa} \Rightarrow$$

$$b = \sqrt{\frac{5000\ \text{N}}{10{,}2\ \frac{\text{N}}{\text{mm}^2}}} = 22{,}1\text{mm}$$

$$\sigma_c = \frac{F}{A_c} = \frac{5000\ \text{N}}{\pi \cdot (c \cdot 2\ \text{mm} - 4\ \text{mm}^2)} = 10{,}2\ \text{MPa} \Rightarrow$$

$$c = \frac{5000\ \text{N}}{\pi \cdot 10{,}2\ \frac{\text{N}}{\text{mm}^2} \cdot 2\ \text{mm}} + 2\ \text{mm} = 80\ \text{mm}$$

Venyminen

Kokemus osoittaa, että ehdottoman jäykkiä kappaleita ei ole olemassa, ts. kaikki kappaleet antavat myöden, kun niihin vaikuttaa tietty voima. Jos sauvaa vedetään kuvan 4.4 mukaisesti voimalla *F*, sauva pidentyy tietyn määrän Δl. Jos voimaa kasvatetaan, kasvaa pidentymä aluksi samassa suhteessa kuin voima. On ilmeistä, että pitenemiseen vaikuttavat voiman lisäksi myös sauvan alkuperäinen pituus l_0, poikkipinnan ala *A* ja materiaali.

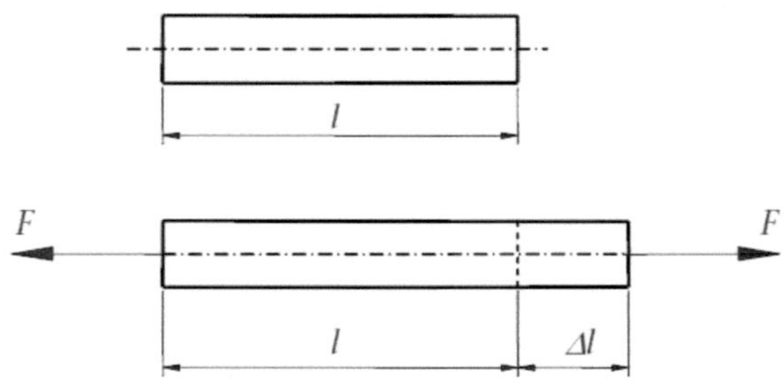

Kuva 4.4. Sauvan venymä.

Sauvan suhteellista venymää merkitään kirjaimella ε ja se voidaan laskea kaavasta:

$$\varepsilon = \frac{\Delta l}{l_0}$$

Missä Δl = sauvan venymä ja l_0 = sauvan alkuperäinen pituus.

Materiaalien lujuusominaisuuksia selvitetään usein vetokokeella, jossa koesauvaa vedetään kasvavalla voimalla kunnes se katkeaa. Samalla piirretään käyrä, jossa näkyvät kunakin ajan hetkenä sauvaan vaikuttanut voima ja sitä vastaava venymä. Kuvassa 4.5 on esitetty ehjä ja poikki vedetty vetosauva.

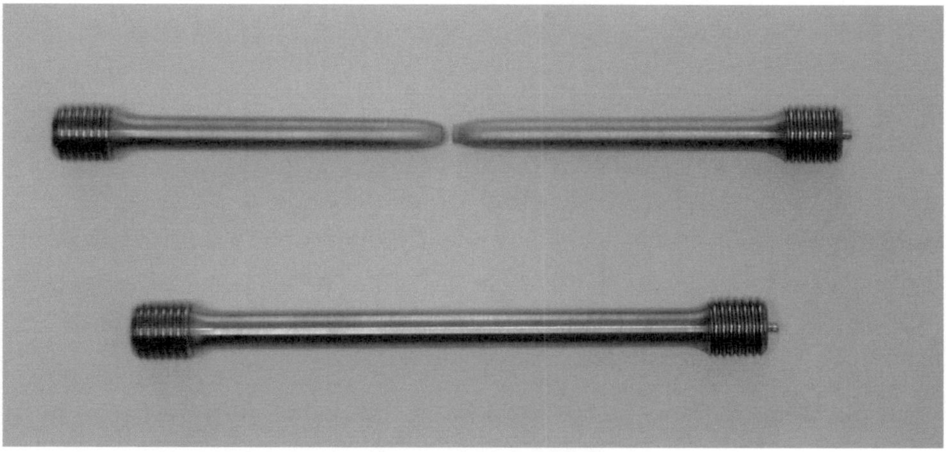

Kuva 4.5. Ehjä ja poikki vedetty vetokoesauva.

Havaittujen F- ja Δl-arvojen nojalla voidaan laskea vastaavat jännitykset ja suhteelliset venymät. Kun nämä merkitään suorakulmaiseen akselistoon, jännitys pystysuoralle ja vastaava suhteellinen venymä vaakasuoralle akselille, syntyy yleensä kuvan 4.6 mukainen jännitysvenymäkäyrä.

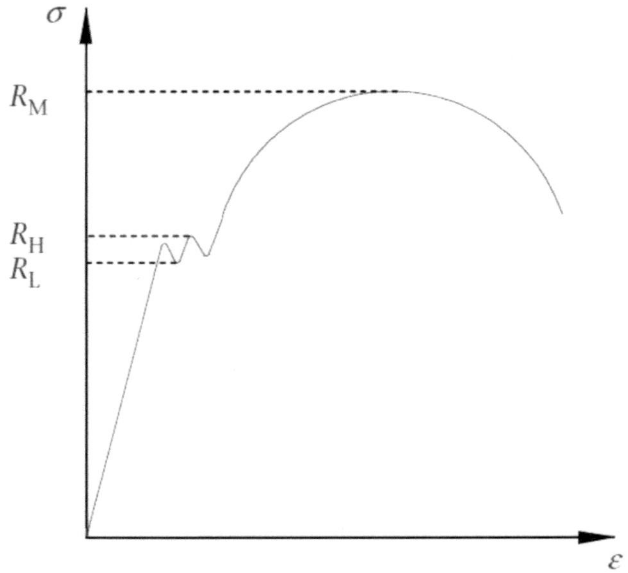

Kuva 4.6. Jännitys-venymä –käyrä.

Tämä nousee aluksi suoraviivaisesti, mikä merkitsee, että jännitys kasvaa samassa suhteessa kuin venymäkin, eli

$$\frac{\sigma}{\varepsilon} = \text{vakio} = E$$

Myötörajalle saavuttaessa syntyy sauvaan pysyvä muodonmuutos.

Myötörajasta R_e havaitaan joskus kaksi arvoa, joista käytetään tällöin nimityksiä ylempi myötöraja (R_{eH}) ja alempi myötöraja (R_{eL}).

Vakiosuure E luonnehtii aineen laatua ja on nimeltään kimmokerroin. Teräksen E = 210 000 MPa. Kuta suurempi aineen kimmokerroin on, sitä jäykempää aine on. Esim. pehmeän kumin kimmokerroin on vain noin 5 MPa.

Kimmokerroin on vakio vain jännitysvenymäkäyrän suoran alkuosan alueella ns. suhteellisuusrajaan R_s asti. Tästä lähtien venymä kasvaa nopeammin kuin jännitys ja aineen kimmokerroin pienenee. Jännityksen noustua myötörajalle R_e sauvaan syntyy pysyvä muodonmuutos hyvin nopeasti. Lopulta sauva katkeaa, kun jännitys on saavuttanut ns. murtolujuuden R_M. Kaikilla aineilla ei ole selvää myötörajaa. Tällaisissa aineissa pidetään sitä vastaavana jännityksenä jännitystä ($\sigma_{0,2}$) joka vastaa 0,2 %:n pysyvää venymää ($\varepsilon = 0,002$).

Aineen sanotaan olevan sitkeää, jos se venyy paljon katkeamatta. Päinvastaisessa tapauksessa se on haurasta. Sitkeyden ilmaisee ns. murtovenymä A_5, joka lasketaan kaavasta:

$$A_5 = \frac{\Delta l_{max}}{l_0} \cdot 100\%$$

Tässä kirjassa rajoitutaan tarkastelemaan vain sellaisia ilmiöitä, jotka esiintyvät jännitys-venymäkäyrän suoran alkuosan alueella. Tällä alueella oltaessa pätee ns. Hooken laki, joka voidaan kirjoittaa muodossa:

$$\frac{\sigma}{\varepsilon} = E$$

Jos jännitys korvataan ilmauksella F/A ja venymä vastaavasti ilmauksella $\Delta l/l_0$, saadaan Hooken laki muotoon:

$$\frac{F \cdot l_0}{A \cdot \Delta l} = E$$

Tästä päästään edelleen yleisimmin esillä olevaan muotoon:

$$\Delta l = \frac{F \cdot l_0}{A \cdot E}$$

Esimerkki 4.3

Kaksi pyöreää terästankoa on kiinnitetty täysin jäykkien tukien väliin kuvan 4.7 mukaisesti siten, että kumpikaan pää ei pääse liikkumaan. Tankojen rajapinnassa vaikuttaa alaspäin 10 kN voima. Kuinka suuri jännitys kummassakin tangossa vaikuttaa?

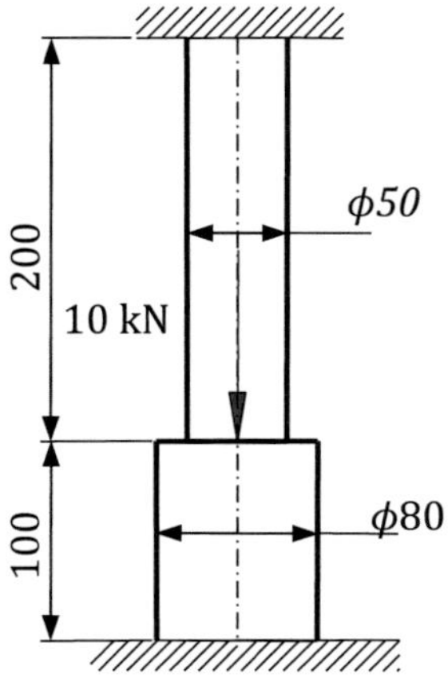

Kuva 4.7. Määritä tangoissa vaikuttavat jännitykset.

Ratkaisu:

Tuntemattomia suureita ovat tangoissa vaikuttavat voimat, joita on tässä kaksi kappaletta. Nämä näkyvät myös vapaakappalekuviossa kuvassa 4.8.

Tarvitaan siis kaksi yhtälöä. Koska ylä- ja alatuki ovat jäykkiä, täytyy ylemmän tangon venyä yhtä paljon kuin alempi tanko puristuu kasaan. Näin saadaan ensimmäinen yhtälö. Toinen yhtälö saadaan siitä tiedosta, että tangoissa vaikuttavien voimien on yhteen laskettuna oltava ulkoisen kuorman suuruinen. Kun voimat on laskettu, saadaan jännitykset helposti vetojännityksen kaavasta.

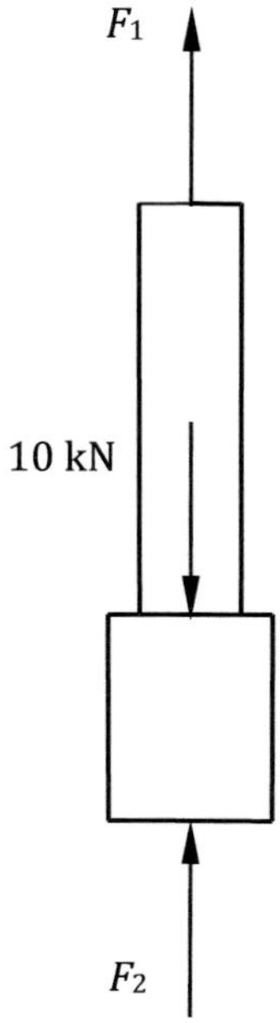

Kuva 4.8. Vapaakappalekuvio.

$$\Delta l_1 = \frac{F_1 \cdot l_{01}}{E \cdot A_1} \quad (1)$$

$$\Delta l_2 = \frac{F_2 \cdot l_{02}}{E \cdot A_2} \quad (2)$$

$$F_1 + F_2 - 10\ \text{kN} = 0 \Rightarrow F_1 = 10\ \text{kN} - \text{F}_2 \quad (3)$$

$$\Delta l_1 - \Delta l_2 = 0 \quad (4)$$

$$A_1 = \frac{\pi \cdot 50^2\,\text{mm}^2}{4} \ (5) \quad A_2 = \frac{\pi \cdot 80^2\,\text{mm}^2}{4} \ (6)$$

Sijoitetaan yhtälöt (1),(2),(3),(5) ja (6) yhtälöön (4)

$$\frac{(10\,\text{kN} - F_2)\cdot 200\,\text{mm}}{E\cdot\pi\cdot 50^2\,\text{mm}^2/4} - \frac{F_2\cdot 100\,\text{mm}}{E\cdot\pi\cdot 80^2\,\text{mm}^2/4} = 0$$

$$\frac{10\,\text{kN}\cdot 200\,\text{mm}}{50^2\,\text{mm}^2} - F_2\left(\frac{200\,\text{mm}}{50^2\,\text{mm}^2} + \frac{100\,\text{mm}}{80^2\,\text{mm}^2}\right) = 0$$

$$F_2 = 8{,}37\,\text{kN} \quad F_1 = 1{,}63\,\text{kN}$$

Jännitykset ovat siis

$$\sigma_1 = \frac{F_1}{A_1} = \frac{1630\,\text{N}}{1963\,\text{mm}^2} = 0{,}83\,\text{MPa}$$

$$\sigma_2 = \frac{F_2}{A_2} = \frac{8370\,\text{N}}{5026\,\text{mm}^2} = 1{,}67\,\text{MPa}$$

Esimerkki 4.4

Laske kuvan 4.9 mukaisen ristikon sauvoissa DC ja BC vaikuttava jännitys? Sauvat on valmistettu pyörötangosta, jonka halkaisija on 20 mm.

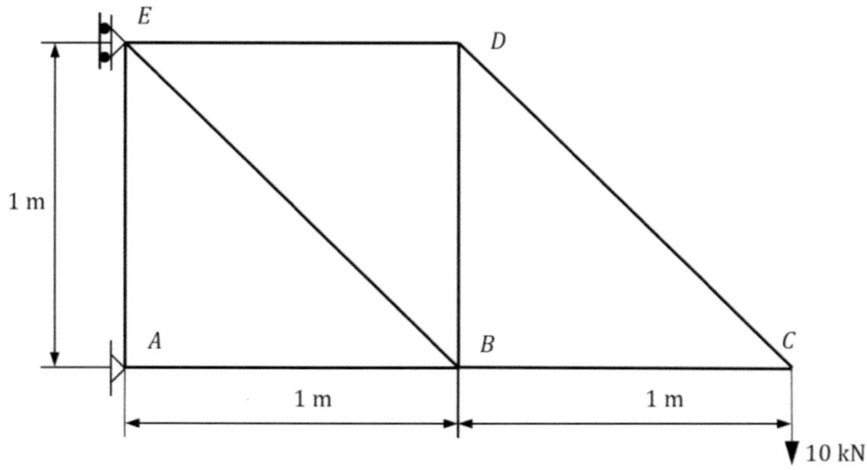

Kuva 4.9. Määritä ristikon sauvoissa DC ja BC vaikuttavat jännitykset.

Ratkaisu:

Tarkastellaan pistettä *C*. Koska ristikossa voi vaikuttaa vain sauvojen suuntaisia voimia, voidaan pisteestä piirtää voimavektorikuvio (kuva 4.10), josta tuntemattomat voimat ratkaistaan *x*- ja *y*-suuntaisten tasapainoyhtälöiden avulla. Sen jälkeen käytetään normaalijännityksen kaavaa ja lasketaan veto- ja puristus-jännitykset sauvoissa *DC* ja *BC*.

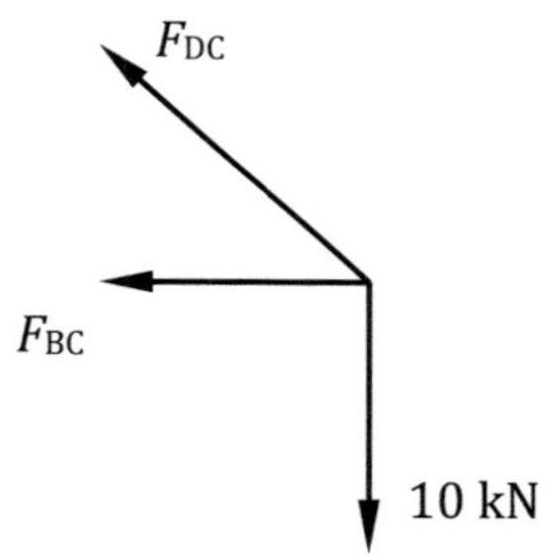

Kuva 4.10. Lasketaan voimat nivelen C tasapainoehdoista.

$$x: F_{DC} \cdot \sin 45^o - 10\,\text{kN} = 0 \Rightarrow F_{DC} = 14{,}1\,\text{kN}$$

$$y: -F_{BC} - F_{DC} \cdot \cos 45^o = 0 \Rightarrow F_{BC} = -9{,}97\,\text{kN (puristus)}$$

$$A = \frac{\pi \cdot 20^2\,\text{mm}^2}{4} = 314{,}2\,\text{mm}^2$$

$$\sigma_{DC} = \frac{F_{DC}}{A} = \frac{14100\,\text{N}}{314{,}2\,\text{mm}^2} = 44{,}9\,\text{MPa}$$

$$\sigma_{BC} = \frac{F_{BC}}{A} = \frac{-9970\,\text{N}}{314{,}2\,\text{mm}^2} = -31{,}7\,\text{MPa}$$

Esimerkki 4.5

Kuvan 4.11 mukainen sauva (ϕ50) on tehty kahdesta materiaalista, teräksestä (oik.) ja alumiinista. Kuinka paljon sauva venyy, kun siihen kohdistuu 110 kN vetovoima?

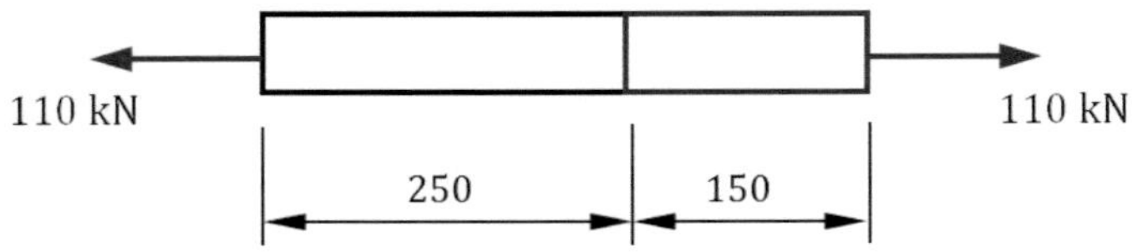

Kuva 4.11. Paljonko teräksestä ja alumiinista tehty sauva venyy?

Ratkaisu:

Kummassakin sauvassa vaikuttaa sama normaalivoima. Myös pinta-alat ovat samat. Pituus ja kimmokerroin ovat erilaiset. Lasketaan kummankin sauvan venymä Hooken lain avulla ja lasketaan nämä venymät yhteen.

$$\Delta l_A = \frac{F \cdot l_{0A}}{E_A \cdot A} = \frac{110000\,\mathrm{N} \cdot 250\,\mathrm{mm}}{70000\,\mathrm{N/mm^2} \cdot \pi \cdot 50^2\,\mathrm{mm^2}/4} = 0{,}2\,\mathrm{mm}$$

$$\Delta l_T = \frac{F \cdot l_{0T}}{E_T \cdot A} = \frac{110000\,\mathrm{N} \cdot 150\,\mathrm{mm}}{21000\,\mathrm{N/mm^2} \cdot \pi \cdot 50^2\,\mathrm{mm^2}/4} = 0{,}04\,\mathrm{mm}$$

$$\Delta l = 0{,}24\,\mathrm{mm}$$

Poissonin luku

Samalla, kun sauva vetokokeessa pitenee huomattavasti, se myös ohenee. Jos oletetaan, että läpimitta d_0 pienenee arvolla Δd, saadaan ns. suppeuma yhtälöstä:

$$\varepsilon_p = \frac{\Delta d}{d_0}$$

Suppeuman suhde venymään on taas ns. Poissonin luku ν, jonka arvo teräkselle on likimäärin 0,3. Poissonin luku voidaan laskea kaavalla:

$$\nu = \frac{-\varepsilon_p}{\varepsilon}$$

Hooken lain muodosta näkyy suoraan, että jännitys riippuu muodonmuutoksesta ja myös päinvastoin. Kun siis halutaan laskea jännitys, joka vallitsee rakenteen tietyssä paikassa, on syytä tarkistaa, pääseekö muodonmuutos tässä tapauksessa vapaasti tapahtumaan vai ei.

Puristukselle pätevät täsmälleen samat lait kuin vedollekin. Hooken laki on voimassa niin pitkään kuin muodonmuutos on kimmoista edellytyksellä, että sauva on pituutensa nähden niin paksu, ettei nurjahduksesta ole vaaraa. Useimmiten puristustapauksessa vauriotyyppi on juuri nurjahdus, johon palataan myöhemmin tarkemmin.

Esimerkki 4.6

Pyöreään terässauvaan, jonka alkuperäinen pituus on 100 mm ja halkaisija 25 mm, kohdistuu 5 kN normaalivoima. Kuinka suuri halkaisija on voiman vaikuttaessa?

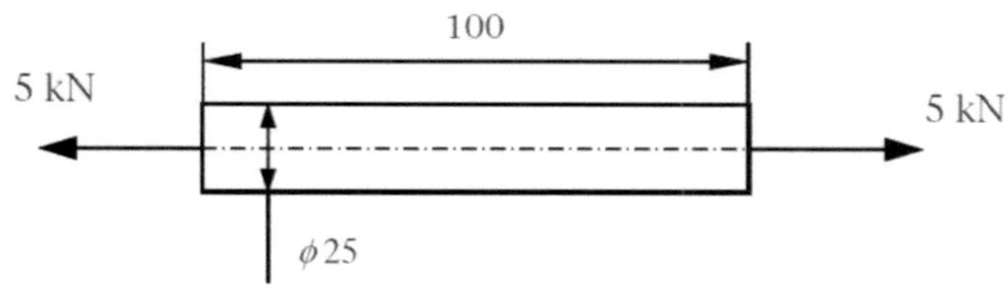

Kuva 4.12. Laske terässauvan halkaisija.

Ratkaisu:

Teräksen Poissonin vakio on tunnetusti 0,3. Jotta sen vaikutus halkaisijaan saataisiin selville, on ensin laskettava, kuinka paljon sauva venyy pituussuunnassa.

$$\Delta l = \frac{F \cdot l_0}{E \cdot A} = \frac{5000\text{N} \cdot 100\,\text{mm}}{210000\frac{\text{N}}{\text{mm}^2} \cdot \frac{\pi \cdot 25^2\,\text{mm}^2}{4}} = 4{,}8 \cdot 10^{-3}\,\text{mm}$$

$$\varepsilon_p = -0{,}3 \cdot \varepsilon = -0{,}3 \cdot \frac{\Delta l}{l_0} = -0{,}3 \cdot \frac{4{,}8 \cdot 10^{-3}\,\text{mm}}{100\,\text{mm}} = -1{,}5 \cdot 10^{-5}$$

$$\Delta d = d_0 \varepsilon_p = -25\,\text{mm} \cdot 1{,}5 \cdot 10^{-5} = -3{,}6 \cdot 10^{-4}\,\text{mm}$$

$$d = d_0 + \Delta d = 25\text{mm} - 3{,}6 \cdot 10^{-4}\,\text{mm} = 24{,}9\,\text{mm}$$

Lämpöjännitykset

Fysiikasta tiedetään, että aineet laajenevat lämmetessään ja kutistuvat jäähtyessään. Pituuden l muutos lämpötilan nousun tai laskun T_2-T_1 tapahduttua saadaan yhtälöstä:

$$\Delta l = \alpha \cdot l \cdot (T_2 - T_1)$$

Siinä α on aineen pituuden lämpötilakerroin. Venymäksi (puristumaksi) saadaan

$$\varepsilon = \frac{\Delta l}{l} = \alpha \cdot (T_2 - T_1)$$

Jos muodonmuutos estetään, syntyy Hooken lain mukaan jännitys:

$$\sigma = \varepsilon \cdot E = \alpha \cdot E \cdot (T_2 - T_1)$$

Lämpötilan muutoksista johtuvia jännityksiä kutsutaan lämpöjännityksiksi. Niitä esiintyy varsinkin konetekniikassa hyvin yleisesti. Toisinaan ne ovat haitallisia, mutta joskus niitä voidaan käyttää myös hyväksi esimerkiksi kutistusliitoksissa.

Esimerkki 4.7

Rautatiekiskot välillä Kuopio-Pöljä (38 km) on asennettu kesällä 20 asteen lämpötilassa. Kuinka suuri jännitys ja vetovoima kiskoihin kohdistuu talvella pakkasen ollessa -30 astetta, jos muodonmuutos on kokonaan estetty? Kiskomateriaali painaa 60 kg/m.

Kuva 4.13. Suuriko jännitys syntyy savolaiseen ratakiskoon? (Huom! tässä kiskotuksessa muodonmuutosta ei ole estetty).

Ratkaisu:

Jännitys saadaan yksinkertaisesti sijoittamalla arvot lämpöjännityksen kaavaan.

$$\sigma = \alpha \cdot E \cdot (T_1 - T_2) =$$

$$12 \cdot 10^{-6} 1/^{o}C \cdot 210000 \text{ MPa} \cdot (20+30)^{o}C = 126 \text{ MPa}$$

Kiskon poikkipinta-ala saadaan pituusmassan ja tiheyden avulla. Tiheys löytyy liitteestä A (7850 kg/m^3).

$$A = \frac{60 \text{ kg/m}}{7850 \text{ kg/m}^3} = 7{,}64 \cdot 10^{-3} \text{ m}^2$$

Kiskossa vaikuttava voima saadaan kertomalla jännitys poikkipinta-alalla.

$$F = \sigma \cdot A = 126 \text{ N/mm}^2 \cdot 7640 \text{ mm}^2 = 963 \text{ kN}$$

Tehtäviä

4.1 Kuinka suurella voimalla voidaan kiristää 4 mm paksua kuparilankaa ilman että vetojännitys ylittää arvon 60 MPa?

4.2 1200 mm pitkään ja poikkileikkaukseltaan pyöreään, halkaisijaltaan 30 mm tankoon kohdistuu 18 kN voima. Kuinka suuri jännitys tankoon syntyy?

4.3 Kuinka paljon vetovoimaa kestää murtumatta teräsputki, jonka sisähalkaisija on 26 mm ja seinämän paksuus 3,5 mm, kun materiaalin murtolujuus on 380 MPa?

4.4 Paljonko edellisen tehtävän putki venyy, kun jännitys on 50 MPa ja putken pituus 7 m? Paljonko se venyy ennen katkeamistaan, jos murtovenymä on 18 %?

4.5 Vetokokeessa on saatu aikaan kuvan 4.14 mukainen voima-venymä -käyrä. Vetosauvan alkuperäinen halkaisija oli 10 mm ja pituus 100 mm. Vetokokeen jälkeen sauvan pituus oli 121,5 mm. Laske seuraavat materiaaliarvot:

- alempi myötöraja
- ylempi myötöraja
- murtolujuus
- murtovenymä
- kimmokerroin

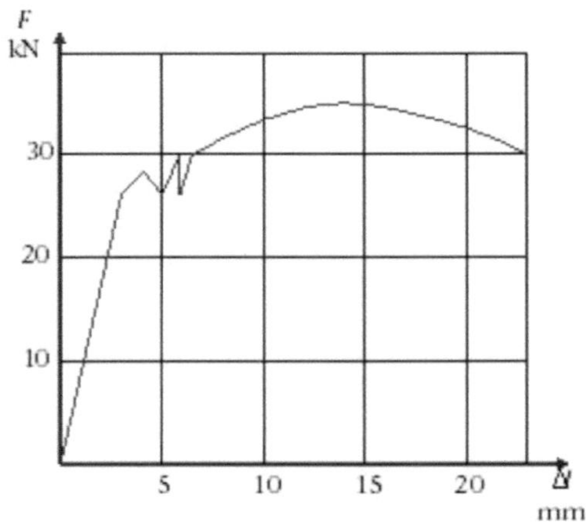

Kuva 4.14. Määritä materiaaliarvot kuvan käyrän perusteella.

4.6 Kuinka esimerkin 4.3 vastaus muuttuu, jos ylempi tangoista onkin alumiinia?

4.7 Kuinka suuri lämpötilan muutos tarvitaan, että sitä vastaavan venymän estäminen teräskappaleessa aiheuttaa 200 MPa jännityksen nousun?

4.8 Laske esimerkin 4.4 ristikon sauvoissa *ED* ja *BD* vaikuttava jännitys. Oleta, että kaikkien sauvojen poikkileikkauksen pinta-ala on 100 mm^2.

4.9 Teräsruuvi M10 8.8 on asennettu 50 mm pitkän alumiiniputken (ulkohalkaisija 20 mm ja seinämä 2 mm) sisään kuvan 4.16 mukaisesti. Mutteria on kiristetty niin paljon, että ruuvissa vaikuttaa jännitys, joka on puolet sen myötörajasta. Kuinka suuri jännitys vaikuttaa putkessa?

4.10 Kuvan 4.17 mukaisen mekanismin pystysuorat osat (4 kpl) ovat poikkileikkaukseltaan 8 mm x 36 mm ja niittien reikien halkaisija puolestaan 16 mm. Kuinka suuri normaalijännitys syntyy kuhunkin pystysuoraan osaan kuvan tilanteessa?

4.11 Kuvassa 4.18 osa *AB* on tehty teräksestä, jonka murtolujuus on 450 MPa. Kuinka suuri poikkipinta-ala osalla tulee olla, jotta varmuus murtolujuuteen nähden olisi 3,5? Niitinreikien heikentävää vaikutusta ei tarvitse ottaa huomioon.

4.12 1,5 m pitkä, poikkileikkaukseltaan pyöreä alumiininen tanko saa venyä maksimissaan 1 mm ja siihen syntyvä normaalijännitys saa olla korkeintaan 40 MPa. Jos tankoon kohdistuu 3 kN suuruinen normaalivoima kuinka suuri sen halkaisijan tulee vähintään olla? Oleta, että materiaalin E = 70 GPa.

4.13 Kuvan 4.19 mukaisessa tilanteessa halkaisijaltaan 4 mm olevan kaapelin *BC* materiaali on teräs, jonka E = 200 GPa. Jos kaapelin suurin sallittu jännitys on 190 MPa ja suurin sallittu venymä 6 mm, kuinka suuri voima P voi maksimissaan tällöin olla?

4.14 Kuvan 4.20 mukainen ristikkorakenne on valmistettu teräksestä (E = 200 GPa) ja siihen kohdistuu kuvan mukaisesti 228 kN pystysuora voima. Kuinka suuri muodonmuutos ristikon sauvoihin *AB, AD* ja *BD* muodostuu, kun niiden poikkipinta-alat ovat vastaavasti 2400 mm^2, 1800 mm^2 ja 1500 mm^2.

4.15 Kuvan 4.21 mukaisessa rakenteessa on kaksi pyöreäpoikkipintaista tankoa. Osien välinen rako on huoneen lämpötilassa 0,5 mm. Jos lämpötila on myöhemmin 140°C, mikä on (a) alumiinitangossa vaikuttava normaalijännitys ja (b) siihen syntynyt muodonmuutos? Osien tiedot ovat:

Vasen tanko alumiinia, A = 2000 mm^2, E = 75 GPa, α = 23 x 10^{-6} /°C

Oikea tanko ruostumatonta terästä, A = 800 mm^2, E = 190 GPa,

α = 17,3 x 10^{-6} /°C.

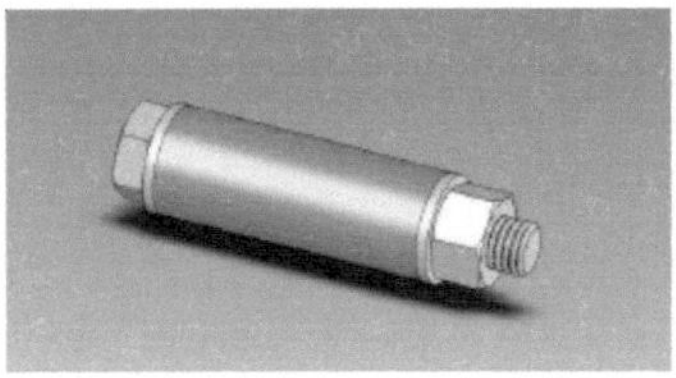

Kuva 4.16. Ruuvi alumiiniputken sisällä.

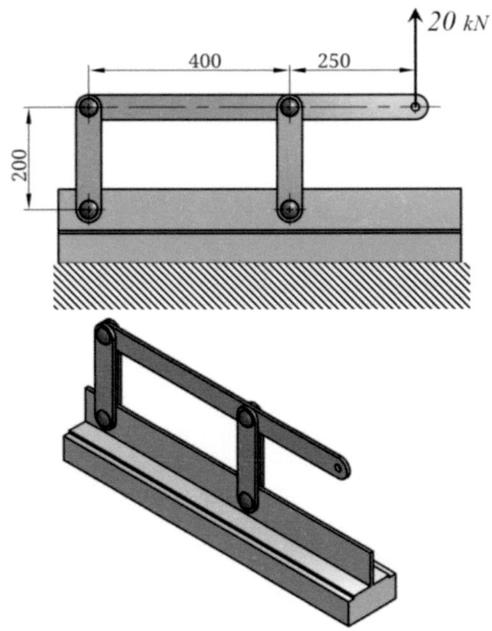

Kuva 4.17. Määritä pystysuorien osien normaalijännitykset.

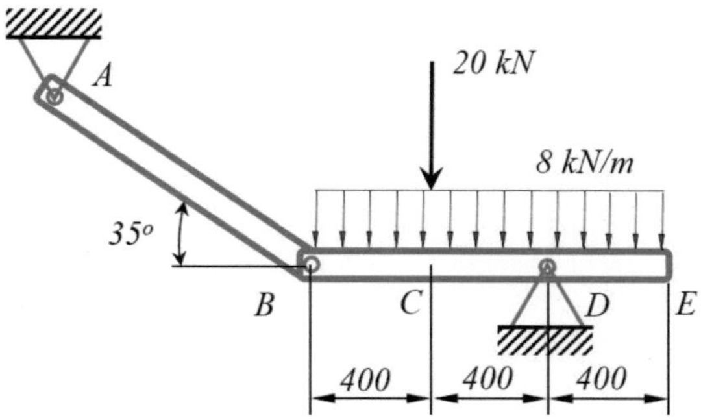

Kuva 4.18. Kuinka suuri poikkipinta-ala osalla AB tulee olla?

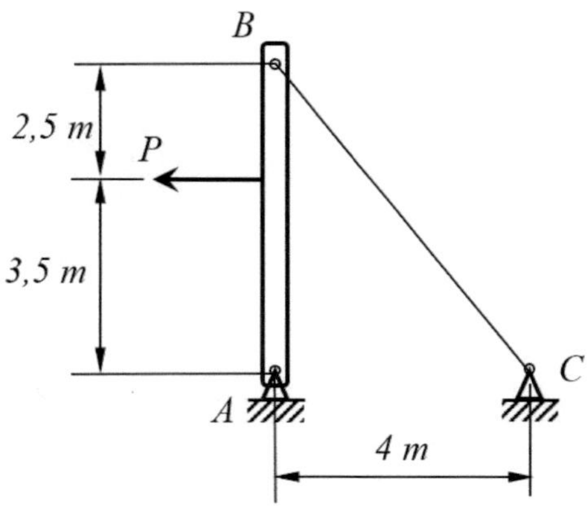

Kuva 4.19. Kuinka suuri voima P voi olla?

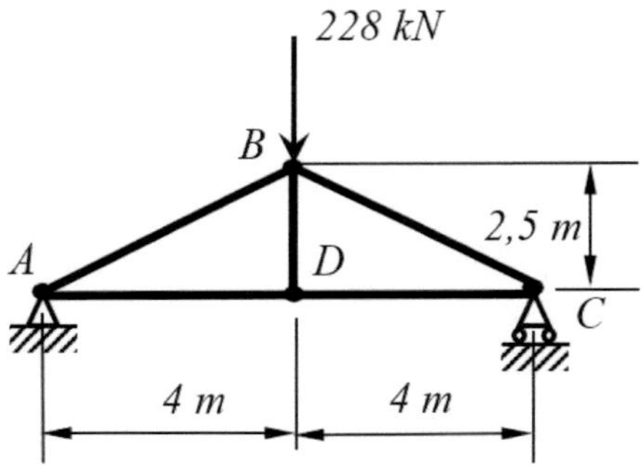

Kuva 4.20. Laske sauvojen AD, AB ja BD muodonmuutokset?

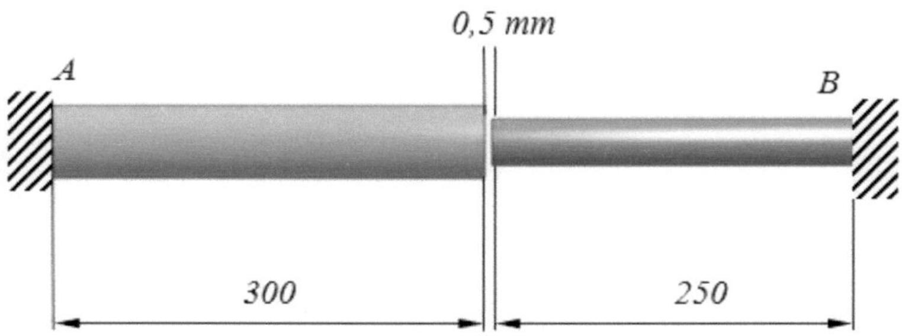

Kuva 4.21. Laske jännitykset ja muodonmuutokset.

5

Rakenteiden mitoittaminen

Rakenteen mitoittamisongelma

Optimointi

Mitoittaminen tarkoittaa yksinkertaisesti suunniteltavan kohteen mittojen valintaa ja se onkin suunnittelijan tärkeimpiä tehtäviä. Useimmissa tapauksissa mitoittaminen on hankalaa siksi, että valintavaihtoehtojen eli vapausasteiden lukumäärä on hyvin suuri. Synteesivaiheessa valittujen mittojen analysoinnin jälkeen tiedetään, täyttävätkö ne alussa asetetut kriteerit. Koska analysoinnissa saadaan yleensä vastaukseksi vain kyllä tai ei, jää myönteisessäkin tapauksessa epäselväksi, täyttävätkö valitut mitat asetetut kriteerit parhaalla mahdollisella tai optimaalisella tavalla. Mitoitusongelmaan ei koskaan ole olemassa vain yhtä oikeaa vastausta, vaan useampia hyväksyttäviä vastauksia, joista jotkut voivat olla parempia kuin toiset.

Rakenteen mitoittamisongelma

Rakenteen mitoittamisella tarkoitetaan toimintaa, jossa suunniteltavaan tuotteeseen tai kappaleeseen valitaan sellaiset mitat ja materiaalit, että asetetut vaatimukset voidaan täyttää. Kysymyksessä on siis jo aikaisemmin esillä ollut synteesianalyysi -kiekko. Yksinkertaisemmat mitoitustehtävät ratkeavat usein suljetussa muodossa siten, että reunaehtojen avulla kyetään etsimään vain yksi sellainen mittojen yhdistelmä, joka toteuttaa vaatimukset. Monimutkaisemmissa rakenteissa joudutaan valitsemaan kokemuksen perusteella aluksi lähtökohtamitat ja tarkastamaan sen jälkeen tulos. Jos analyysin tulos ei tyydytä, palataan takaisin ja muutetaan lähtötietoja.

Tyypillinen käytännön suunnitteluongelma ei ole aina, jos koskaan, niin hyvin asetettavissa, että se voitaisiin ratkaista suljetussa muodossa. Siitä huolimatta useimmissa lujuusopin kirjoissa on vain tällaisia suljetun muodon tehtäviä (niin tässäkin on). Se johtuu siitä, että tällaisista tehtävistä on helppo sanoa, ovatko ne oikein vai väärin. Katsotaan vaikkapa seuraavaa tyypillistä laskentaesimerkkiä.

Ajatellaan, että kaksi 4 mm paksuista ja 60 mm levyistä teräslevyä on kiinnitettävä päällekkäin toisiinsa neljällä samankokoisella niitillä. Kun tiedetään, että niittimateriaalin sallittu leikkausjännitys on 50 MPa ja levyjä kuormittava voima on 100 kN, tarvitaan vain sopiva kaava, johon tunnetut arvot sijoitetaan ja tuntematon (eli niitin halkaisija) ratkaistaan ensimmäisen asteen yhtälöstä.

Tilanne muuttuu radikaalisti, jos ongelmaa muutetaan hieman toiseen muotoon. Kaksi 4 mm paksuista ja 60 mm levyistä teräslevyä on kiinnitettävä päällekkäin toisiinsa siten, että ne kestävät levyjä kuormittavan 100 kN voiman. Toimeksiannossa ei enää mainita kiinnitysmenetelmää, joten suunnittelijalla on paljon enemmän vaihtoehtoja. Voidaan käyttää esimerkiksi ruuviliitosta, niittiliitosta, hitsausliitosta, liimaliitosta, purukumiliitosta tai muuta vastaavaa. Toisaalta ongelma ei ole läheskään yhtä hyvin määritelty kuin ensimmäinen. Tehtävän ratkaisemiseksi tarvitaan lisää tietoa; täytyykö liitoksen olla purettavissa, käytetäänkö sitä korkeissa lämpötiloissa, mitä työkaluja on käytettävissä liitoksen tekemiseen, millainen ammattitaito tekijöillä on jne.

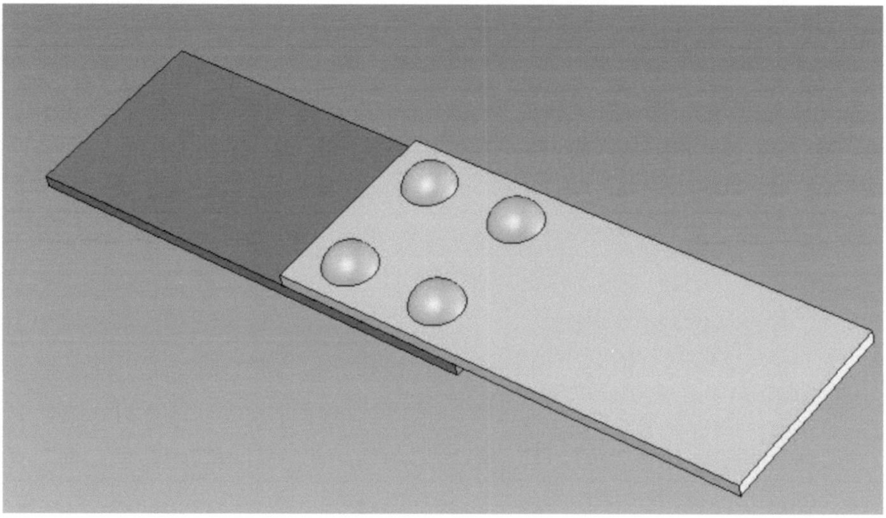

Kuva 5.1. Kaksi levyä toisiinsa niitattuina.

Jälkimmäinen tapaus on tyypillinen suunnittelijan arkipäivän ongelma, johon ei ole etukäteen olemassa potentiaalista ratkaisua ja reunaehdot ovat epätäydelliset. Jotta ongelma ratkeaisi, siinä olevat aukot on täytettävä. Toinen eroavaisuus on potentiaalisten ratkaisujen lukumäärä. Ensimmäiseen ongelmaan on vain yksi oikea ratkaisu, kun taas toiseen ei ole olemassakaan oikeaa ratkaisua. Siihen on useampia varsin hyviä ratkaisumalleja ja saattaa olla vaikeaa tai jopa mahdotonta tietää, mikä niistä on paras.

Kummassakin tapauksessa suunnittelijan on muodostettava rakenteesta malli, jota hän voi hyödyntää analysoinnissa. Yleensä lujuuslaskennallinen mallintaminen tapahtuu matemaattisten yhtälöiden muodossa. Ensimmäisessä tapauksessa saadaan lopulta aikaan yksi ensimmäisen asteen yhtälö, jonka avulla voidaan ratkaista tuntematon suure. Jos tuntemattomia on enemmän, tarvitaan vastaavasti enemmän yhtälöitä. Jos tuntemattomia on enemmän kuin yhtälöitä, analyysi voidaan suorittaa vain siten, että osalle (tai kaikille) tuntemattomista valitaan arvo ja suoritetaan laskenta sen jälkeen.

Jos ajatellaan, että jälkimmäisessä tapauksessa suunnittelija on päättänyt hoitaa liitoksen niittaamalla, on tuntemattomana edelleen niittien lukumäärä ja halkaisija. Koska tuntemattomia on kaksi ja yhtälöitä yksi, ei ongelma ratkea suoraan.

Suunnittelija voi esimerkiksi tehdä ongelmasta taulukkolaskentaversion ja etsiä sen avulla kokeilemalla sopivaa lukumäärän ja halkaisijan yhdistelmää (kuvat 5.2 ja 5.3). Niittien mitoituksen määrää tässä tapauksessa leikkausjännitys, jota käsitellään myöhemmin tarkemmin.

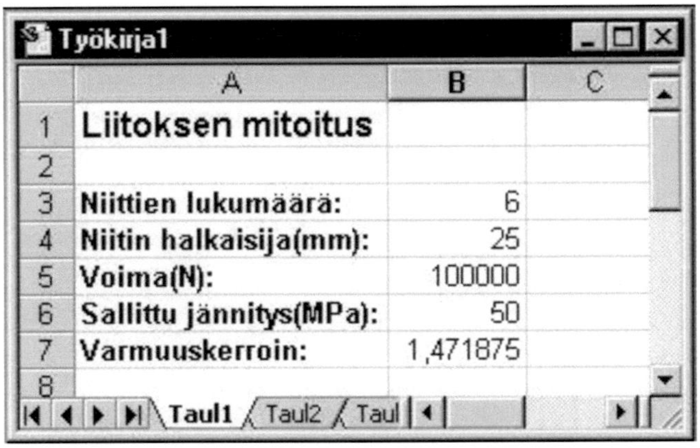

Kuva 5.2. Taulukkolaskentamalli suunnitteluongelmasta.

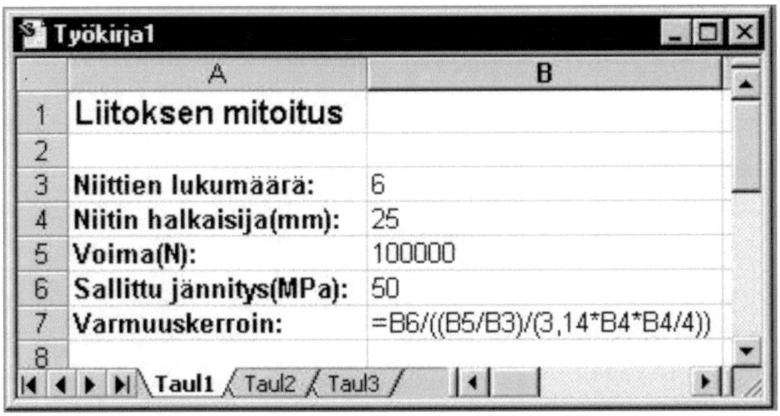

Kuva 5.3. Taulukon kaavat.

Optimointi

Nykyaikaisessa yhteiskunnassa, jossa tuotannon tehokkuus ja kilpailukyky ovat merkittäviä sanoja, on erityisesti kustannusten pienentäminen merkittävällä sijalla tuotekehitystoiminnassa. Periaatteessa voidaan sanoa, että mitä kevyempiä rakenteita voidaan tehdä, sitä halvempia ne ovat. Tästä voidaan vetää suora linkki lujuuslaskentaankin, joka rakenteiden massat pitkälle määrää. Tällöin ei enää riitä se, että rakenne on mitoitettu kestämään siihen kohdistuvat rasitukset. Vaatimuksiin on lisättävä, että rakenne toimii halutulla tavalla ja että sen valmistus- ja käyttökustannukset ovat mahdollisimman pienet.

Joudutaan optimointitehtävään. Käytännön elämässä suunnittelun kohteisiin sisältyy niin paljon muuttujia, että analyyttisen optimoinnin suorittaminen ilman tietokonetta tulee mahdottomaksi. Sen sijaan optimiratkaisuun voidaan aina pyrkiä käyttämällä hyväksi suunnittelijoiden kokemusta ja mahdollisimman paljon tietotekniikan menetelmiä.

Tehtäviä

5.1 Konepajahallin kattoristikon sauvassa vaikuttaa 12 kN vetovoima. Valitse sauvalle sopiva poikkipinta ja materiaali käyttäen hyväksi käsikirjoista tai Internetistä löytämiäsi arvoja.

5.2 Vertaile erilaisia poikkipinta- ja materiaalivaihtoehtoja edellisen tehtävän sauvaan syntyvän muodonmuutoksen perusteella. Millä poikkipinta- ja materiaaliyhdistelmällä sauvaan syntyy pienin muodonmuutos?

5.3 Vertaile erilaisia poikkipinta- ja materiaaliyhdistelmiä tehtävän 5.1 sauvan oman painon perusteella. Millä poikkipinta- ja materiaaliyhdistelmällä sauva on kevein.

5.4 Vertaile erilaisia poikkipinta- ja materiaaliyhdistelmiä sauvan hinnan perusteella. Millä poikkipinta- ja materiaaliyhdistelmällä sauva on halvin? Millä poikkipinta- ja materiaaliyhdistelmällä sauvaan saadaan mahdollisimman pieni muodonmuutos, pieni paino ja halvin hinta?

6

Taivutusjännitykset

Taivutus

Taivutusvastus

Taivutusmomentti aiheuttaa kappaleeseen jännitystilan, joka muuttuu yläreunan (tai alareunan) puristuksesta alareunan (tai yläreunan) vetoon. Samalla kappaleen keskiosiin jään alue, jossa jännitys on nolla. Tämä taso tai akseli sijaitsee poikkipinnan painopisteessä ja sitä sanotaan neutraaliakseliksi.

Taivutuksen aiheuttama jännitys riippuu paitsi momentin suuruudesta, myös poikkipinnan muodosta. Poikkipinnan muoto otetaan huomioon taivutusvastuksella. Taivutusjännitys riippuu myös siitä missä kohtaa poikkipintaa asiaa tarkastellaan.

Taivutus

Taivutus on tärkeä kuormitustyyppi siksi, että se aiheuttaa rakenteisiin ankarimman rasituksen, vaikka samaan aikaan esiintyisikin leikkaus- ja normaalikuormituksia. Taivutus aiheuttaa rakenneosaan normaalijännityksen, joka riippuu taivutusmomentin suuruudesta ja kappaleen poikkileikkauksen muodosta. Kaikille meille on kokemuksesta selvää, että mitä paksumpi lankku, sitä enemmän se kestää taivutusta. Edelleen tiedämme, että pidempi sivu pystyasennossa lankku kestää enemmän taivutusta kuin lyhyt sivu pystyasennossa. Siis myös sillä on merkitystä mistä suunnasta kuormitus kohdistuu kappaleeseen.

Taivutuskuormituksen alainen palkki taipuu kuvan 6.1. mukaisesti. Taipumisesta johtuu, että kuvan palkin yläreunaan syntyy puristusjännitys ja alareunaan vetojännitys. Voidaan osoittaa, että jännitys muuttuu näiden ääriarvojen välillä lineaarisesti. Tästä seuraa taas se, että jossain näiden kahden ääripään välillä on taso, missä jännityksen täytyy olla nolla. Tätä tasoa kutsutaan neutraalitasoksi (neutraaliakseliksi) ja voidaan osoittaa, että se kulkee aina poikkipinnan painopisteen kautta.

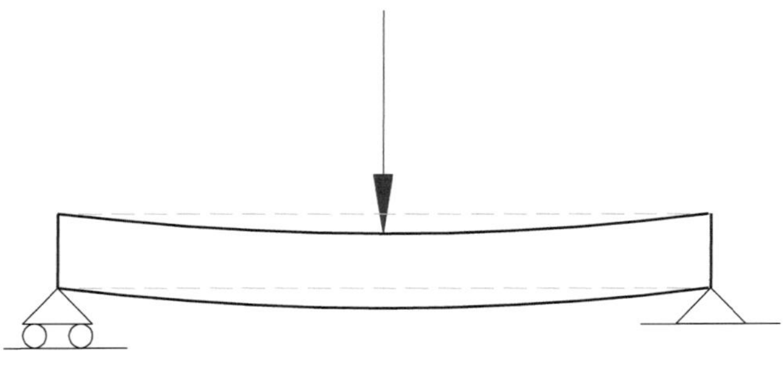

Kuva 6.1. Palkin taivutus.

Poikkipinnan mielivaltaisessa pisteessä vaikuttava taivutuksen aiheuttama jännitys voidaan laskea kaavasta:

$$\sigma_t = \frac{y}{I} \cdot M_t$$

σ_t = taivutuksen aiheuttama jännitys

y = tarkastelukohdan etäisyys neutraaliakselista

I = poikkipinnan geometriaa kuvaava suure, ns. neliömomentti (hitausmomentti)

M_t= poikkipinnan kohdalla vaikuttava taivutusmomentti (saadaan taivutusmomenttikuviosta)

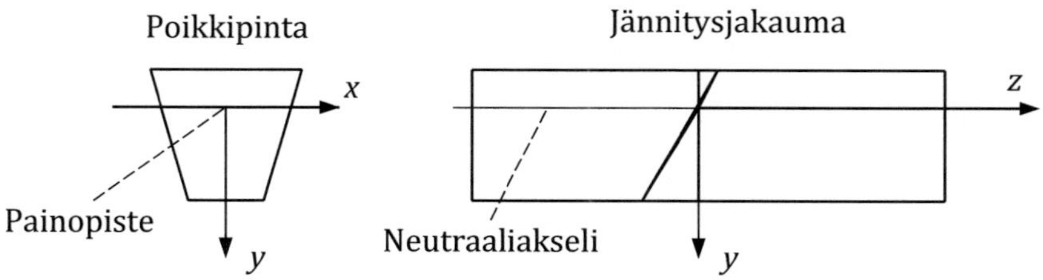

Kuva 6.2. Neutraaliakseli.

Taivutusvastus

Koska poikkipinnalle jakautuneista jännityksistä vaarallisin on itseisarvoltaan suurin jännitys, käytetään laskennassa poikkipinnan geometriasta saatavaa taivutusvastusta, joka antaa suoraan poikkipinnan suurimman jännityksen itseisarvon ja jota merkitään kirjaimella *W*. Taivutusvastus saadaan kaavasta:

$$W = \frac{I}{e}$$

I = poikkipinnan neliömomentti

e = poikkipinnan suurin y-arvo (itseisarvo), eli suurin etäisyys neutraaliakselilta reunalle sen akselin suuntaan, jonka tasossa taivutusmomentti vaikuttaa.

Neliömomenttien ja taivutusvastuksien arvoja yleisimmille ja erilaisille standardien mukaisille poikkipinnoille on esitetty liitteessä B ja arvoja löytyy myös helpoiten netistä mm. eri valmistajien taulukoista. Seuraavassa luvussa opimme lisäksi laskemaan näitä suureita lähes millaisille poikkipinnoille tahansa. Liitteessä C on esitetty joukko tyypillisiä yksinkertaisia kuormitustapauksia ja niiden aiheuttamat maksimitaivutusmomentit.

Taivutusjännityksen kaava voidaan nyt kirjoittaa muotoon:

$$\sigma_{t\max} = \frac{M_t}{W}$$

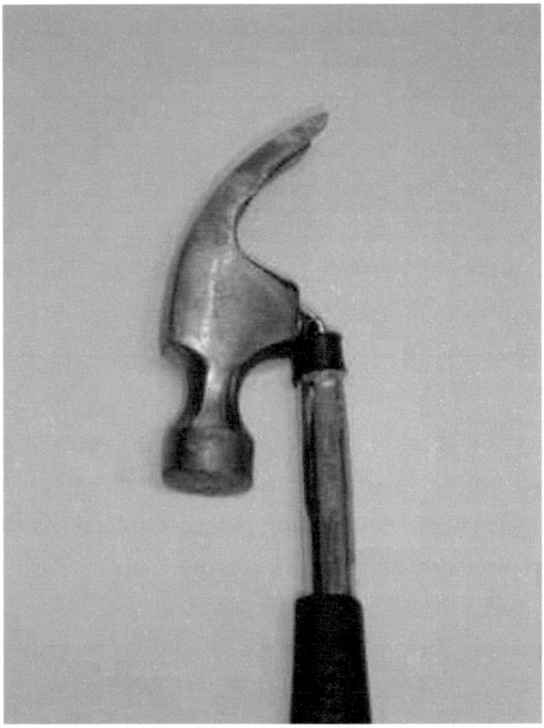

Kuva 6.3. Vasaraan on taivutuksen johdosta syntynyt pysyvä muodonmuutos.

Esimerkki 6.1

IPE200 -palkki toimii nostolaitteen juoksukiskona kuvan mukaisesti. Kuinka painavaa taakkaa voidaan nostaa, kun jänneväli on 4 m ja sallittu jännitys 200 MPa?

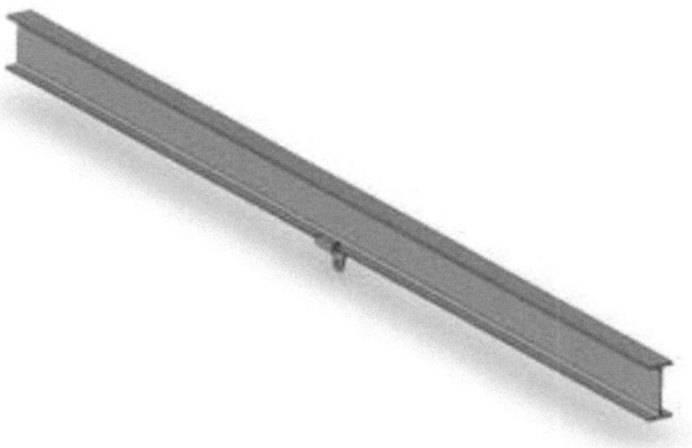

Kuva 6.4. Kuinka painava taakka voidaan nostaa?

Ratkaisu:

Aluksi on selvitettävä kuormituksen luonne. Tässä tapauksessa kuormitusta voidaan pitää pistemäisenä ja se aiheuttaa suurimman taivutusmomentin vaikuttaessaan palkin keskellä. Tällöin kuormitus voidaan idealisoida kuvan 6.5 mukaiseksi. Keskeltä pistekuormitetun palkin suurimman taivutusmomentin yhtälö on

$$M_{t\max} = \frac{F \cdot l}{4}$$

Palkin IPE200 taivutusvastus on 194000 mm^3. Taivutuksen aiheuttama jännitys voidaan nyt laskea.

$$\sigma_t = \frac{M_t}{W}$$

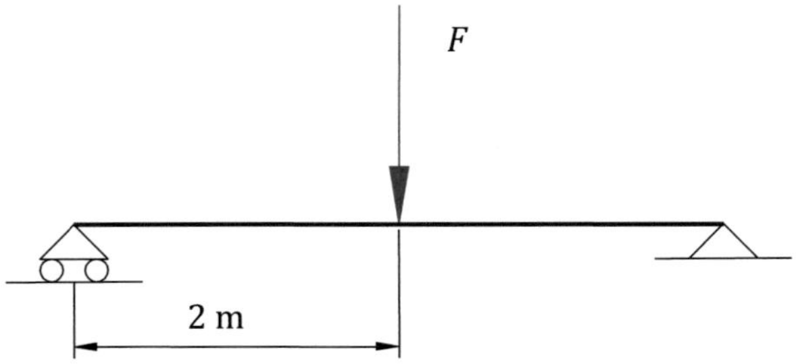

Kuva 6.5. Idealisoitu rakenne.

Kun taivutusmomentin paikalle sijoitetaan edellinen yhtälö ja asetetaan jännitys sallitun jännityksen suuruiseksi, voidaan suurin mahdollinen voima ratkaista.

$$\sigma_t = \frac{M_{t\max}}{W} = \frac{F \cdot l}{4 \cdot W} \Rightarrow$$

$$F = \frac{4 \cdot \sigma_{sall} \cdot W}{l} = \frac{4 \cdot 200\ \text{N/mm}^2 \cdot 194000\ \text{mm}^3}{4000\ \text{mm}} =$$

$$= 38800\ \text{N}$$

Nostolaitteella voidaan siis nostaa korkeintaan 3955 kg painavaa taakkaa.

Esimerkki 6.2

Kuvassa 6.6 on esitetty hihnavälityksen akselirakenne. Laske akselissa vaikuttava suurin taivutusjännitys kuvan 6.7 mukaisella kuormituksella.

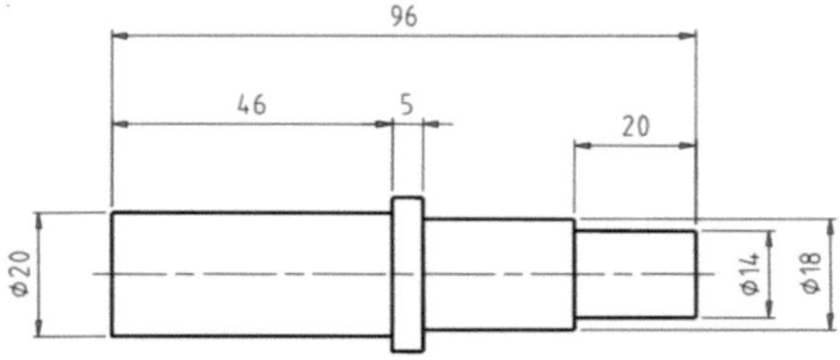

Kuva 6.6. Laske akselin suurin taivutusjännitys.

Ratkaisu:

Aluksi on tehtävä akselin taivutusmomenttikuvio. Vapaakappalekuvio sekä taivutusmomenttikuvio on esitetty kuvassa 6.7. Suurin taivutusjännitys esiintyy kohdassa, jossa taivutusmomentin ja taivutusvastuksen suhde on suurimmillaan. Jännitys on siis tarkastettava kohdissa 1, 2 ja 3.

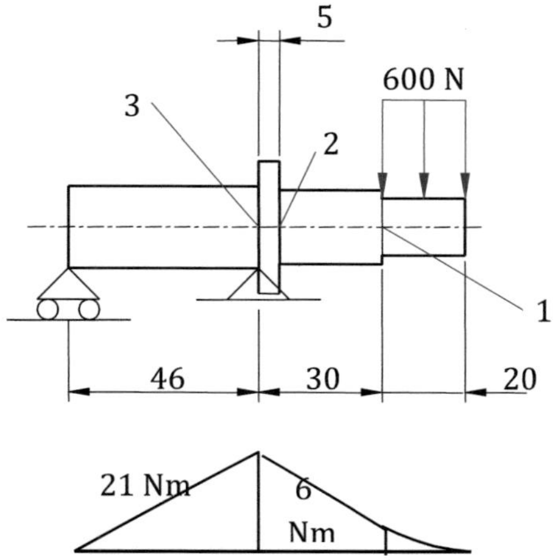

Kuva 6.7. Kuormitus ja taivutusmomenttikuvio.

Lasketaan taivutusmomentin sekä taivutusvastuksen arvo sekä näiden avulla taivutusjännitys kohdassa 1.

$$M_{t1} = 600\ \mathrm{N} \cdot 0{,}01\ \mathrm{m} = 6\ \mathrm{Nm}$$

$$W_1 = \frac{\pi \cdot d^3}{32} = \frac{\pi \cdot 14^3\,\mathrm{mm}^3}{32} = 269{,}4\ \mathrm{mm}^3$$

$$\delta_{t1} = \frac{M_{t1}}{W_1} = \frac{6000\ \mathrm{Nmm}}{269{,}4\ \mathrm{mm}^3} = 22{,}3\ \mathrm{MPa}$$

Lasketaan samaan tapaan taivutusmomentti, taivutusvastus ja jännitys kohdissa 2 ja 3.

$$M_{t2} = 600\text{N} \cdot 0{,}035\text{ m} = 21\text{ Nm}$$

$$W_2 = \frac{\pi \cdot d^3}{32} = \frac{\pi \cdot 18^3\text{mm}^3}{32} = 572{,}6\text{ mm}^3$$

$$\delta_{t2} = \frac{M_{t1}}{W_1} = \frac{21000\text{ Nmm}}{572{,}6\text{ mm}^3} = 36{,}7\text{ MPa}$$

$$M_{t3} = 600\text{ N} \cdot 0{,}04\text{ m} = 24\text{ Nm}$$

$$W_3 = \frac{\pi \cdot d^3}{32} = \frac{\pi \cdot 20^3\text{mm}^3}{32} = 785{,}4\text{ mm}^3$$

$$\delta_{t3} = \frac{M_{t1}}{W_1} = \frac{24000\text{ Nmm}}{785{,}4\text{ mm}^3} = 30{,}6\text{ MPa}$$

Suurin taivutusjännitys esiintyy kohdassa 2 ja on 36,7 MPa.

Tehtäviä

6.1 Laske kuvien 6.8 ja 6.9 kuormitustapausten suurimmat taivutusjännitykset, kun palkit ovat terästä ja poikkipinta HE140B.

6.2 Valitse harjoitustehtävien 2.2, ja 2.5 palkeille sopiva materiaali ja standardin mukainen poikkipinta.

6.3 Ulokekannattimena olevan pyöreän akselin läpimitta on 35 mm. Siihen vaikuttaa 800 N voima 450 mm etäisyydellä tuesta. Kuinka suuri jännitys akseliin syntyy?

6.4 Kuinka suuri on putken taivutusvastus, kun sen sisähalkaisija on 28 mm ja seinämä paksuus 3,5 mm?

6.5 Kuinka pitkä voi päistään kannatettu, teräksinen IPE200 –palkki olla ilman, että siihen syntyy oman painon johdosta pysyvä taipuma, kun materiaalin myötöraja on 200 MPa?

6.6 Kolme IPE80 -palkkia on kiinnitetty nostolaitteeksi kuvan 6.10 mukaisesti. Kaikkien palkkien pituus on 800 mm ja alempien palkkien etäisyys 400 mm. Kuinka suuri kuorma voidaan nostaa, kun sallittu jännitys on 180 MPa?

6.7 Laske kuvassa 6.11 esitetyn palkkirakenteen suurin taivutusjännitys, jos poikkipintana on a) IPE120, b) putki, jonka ulkohalkaisija on 120 mm ja seinämän paksuus 5 mm c) suorakaide, jonka korkeus on 200 mm ja paksuus 50 mm.

6.8 Kuvan 6.12 mukaiseen teräsrakenteeseen on asetettu venymäliuska kohtaan A. Kun tiedetään, että rakenteen poikkileikkaus venymäliuskan kohdalla on neliö, jonka sivun pituus on 40 mm ja että venymäliuskalla mitattu suhteellinen venymä on 450×10^{-6}, kuinka suuri on tällöin voima *P*? Käytä kimmokertoimen arvona 200 GPa.

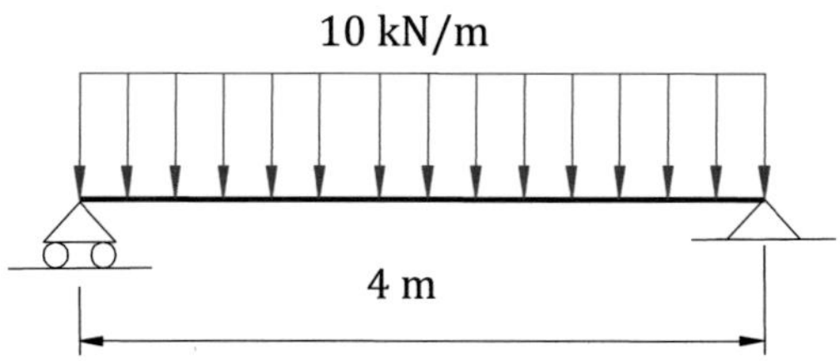

Kuva 6.8. Laske suurin taivutusjännitys.

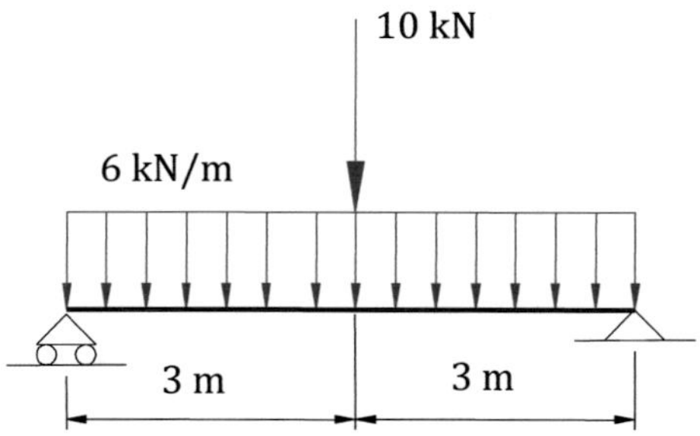

Kuva 6.9. Laske suurin taivutusjännitys.

Kuva 6.10. Kuinka suuri taakka voidaan nostaa?

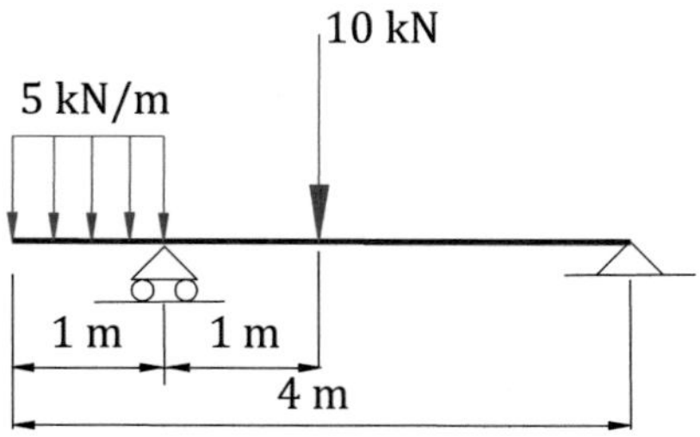

Kuva 6.11. Laske taivutusjännitykset eri poikkipinnoille.

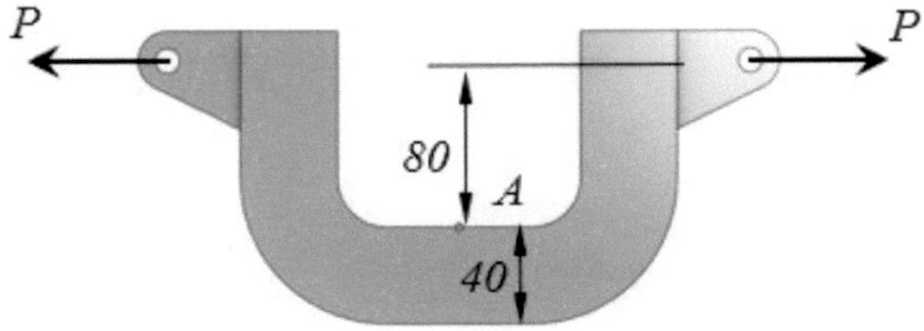

Kuva 6.12. Laske voima P.

7

Poikkipintasuureet

Poikkipinnan neliömomentit

Steinerin sääntö

ATK-menetelmät

Taivutuksen yhteydessä totesimme, että sen aiheuttama jännitys riippuu poikkipinnan geometriasta. Sama pätee myös muihin jännityksiin ja muodonmuutoksiin. Poikkipintasuureiden laskenta voidaan tehdä käsin taulukoiden antamien ohjeiden perusteella, mutta yhä useammin käytetään hyväksi myös erilaisia ATK-ohjelmia. Useat valmistajien luettelot ja standardit sisältävät myös valmiita taulukoita, joista voidaan katsoa halutun rakenneosan poikkipintatietoja.

Poikkipinnan neliömomentit

Liitteestä B voidaan havaita, että poikkipinnan neliömomentin arvo riippuu paitsi poikkipinnan koosta ja geometriasta myös siitä, minkä akselin suhteen asiaa tarkastellaan. Koska useimmat taivutuksenalaiset poikkipinnat ovat symmetrisiä ainakin yhden painopisteensä kautta kulkevan akselin (tason) suhteen ja taivutuksessa neutraaliakseli kulkee usein juuri tällaisen akselin kautta, tarvitaan laskuissa tavallisesti symmetria-akselin suhteen laskettuja neliömomentteja. Näillä neliömomenteilla on lisäksi se erikoinen ominaisuus, että toinen niistä on suurin ja toinen pienin neliömomentti kaikista pinnan painopisteen kautta kulkevien akselien suhteen lasketuista neliömomenteista. (Hietikko & Lehtonen)

Tällaisia neliömomentteja sanotaan pinnan pääneliömomenteiksi ja merkitään I_1 ja I_2. Silloinkin, kun pinnalla ei ole yhtään symmetria-akselia, on olemassa jokin painopisteen kautta kulkeva kohtisuora akselipari, joka antaa pinnan pää-neliömomentit. Käytännössä pinnan neliömomentilla tarkoitetaan aina suurempaa pääneliömomenttia, ellei akselista mainita nimenomaan jotain.

Steinerin sääntö

Liitteen B poikkipintataulukot riittävät useimpien tapauksien hallintaan mutta toisinaan on pakko laskea myös monimutkaisempien poikkipintojen arvoja. Tätä varten kirjallisuudesta löytyy paljon erilaisia taulukoita, joista todennäköisesti käsittelyn alla oleva poikkipintakin löytyy. Tarvittaessa on myös käytössä muita menetelmiä, joista yksinkertaisin on yhteenlasku- ja vähennysmenetelmä.

Jos poikkipinnat on yhdistetty osapinnoista, joiden painopisteakseli on sama kuin koko pinnan painopisteakseli, yhteinen neliömomentti tämän akselin suhteen saadaan yksinkertaisesti soveltamalla yhteen- ja vähennyslaskua. Kaikki saman painopisteakselin omaavien poikkipinnan osien neliömomentit lasketaan yhteen ja niistä vähennetään reikien kohdalle lasketut kuviteltujen osapoikkipintojen neliömomentit. Tässä menetelmässä on huomattava se, että taivutusvastuksia voidaan käsitellä tällä tavalla vain, jos myös reunaetäisyydet ovat kaikilla osapoikkipinnoilla samat.

Jos osapoikkipintojen painopisteakselit sijaitsevat eri paikoissa kuin yhteinen painopisteakseli on ensin laskettava koko poikkipinnan painopisteakselin paikka y_0. Tämän jälkeen sovelletaan Steinerin sääntöä:

$$I_z = \sum I + \sum A \cdot a^2$$

Kaavan käyttöä varten on ensin laskettava yhdistetyn pinnan painopisteen paikka. Sen jälkeen lasketaan jokaisen osa-alueen neliömomentti *I* osa-alueen oman painopisteakselin suhteen. Lopuksi lasketaan jokaisen osa-alueen pinta-ala *A* ja vielä osa-alueen painopisteakselin etäisyys *a* koko pinnan painopisteakselista. On muistettava, että taivutus jakaantuu aina komponentteihin pääjäyhyysakseleiden suuntaisesti. Vaikka usein taivutus esiintyykin pelkästään toisen pääjäyhyysakselin suuntaisena, aina näin ei kuitenkaan ole. Erityisesti asiaan kannattaa kiinnittää huomiota silloin, kun kyseessä oleva poikkipinta ei ole symmetrinen (esim. kulmarauta).

Esimerkki 7.1

Laske Steinerin sääntöä hyväksi käyttäen kuvassa 7.1 esitetyn poikkipinnan neliömomentti ja taivutusvastus painopisteen kautta kulkevan vaaka-akselin suhteen.

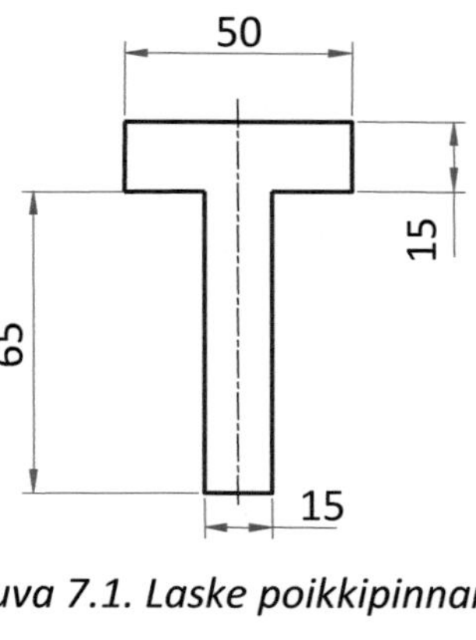

Kuva 7.1. Laske poikkipinnan neliömomentti ja taivutusvastus.

Ratkaisu:

Aluksi poikkipinta on jaettava sopiviin osa-alueisiin. Tässä tapauksessa kannattaa jako tehdä kahteen suorakaidepoikkipintaan kuvan 7.2 mukaisesti. Lisäksi on syytä valita jokin vaakasuora referenssitaso, josta painopisteen paikkaa mitataan. Valitaan referenssitasoksi poikkipinnan alareuna.

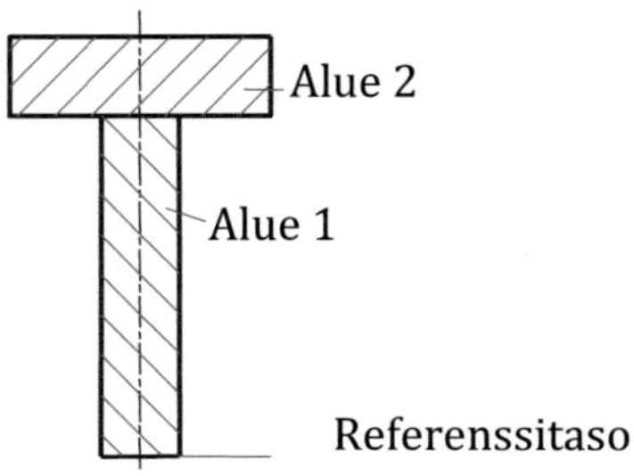

Kuva 7.2. Jaetaan poikkipinta osa-alueisiin.

Seuraavaksi lasketaan poikkipinnan painopisteen paikka. Koska pinta on symmetrinen pystyakselin suhteen, on painopisteen sijaittava sillä. Painopisteen paikka pystysuunnassa saadaan osa-alueiden pinta-alojen ja omien painopisteiden avulla (kuva 7.3).

$$\text{Alueen 1 pinta - ala :}$$

$$A_1 = 15\text{ mm} \cdot 65\text{ mm} = 975\text{ mm}^2$$

$$\text{Alueen 2 pinta - ala :}$$

$$A_2 = 15\text{ mm} \cdot 50\text{ mm} = 750\text{ mm}^2$$

$$\text{Alueen 1 painopisteen etäisyys referenssitasosta}$$

$$a_1 = \frac{65\text{ mm}}{2} = 32{,}5\text{ mm}$$

$$\text{Alueen 2 painopisteen etäisyys referenssitasosta}$$

$$a_2 = \frac{15\text{ mm}}{2} + 65\text{ mm} = 72{,}5\text{ mm}$$

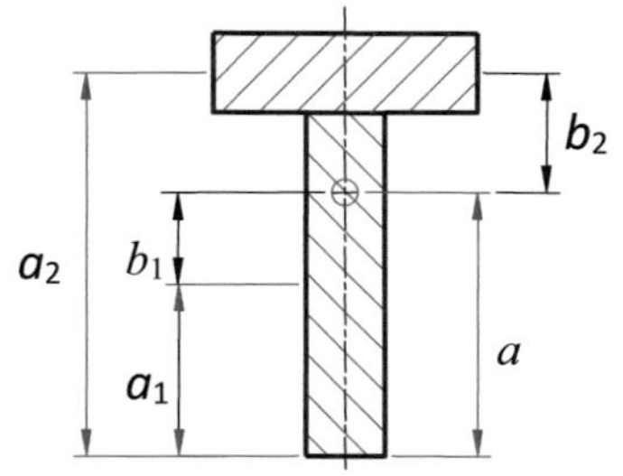

Kuva 7.3. Osa-alueiden ja koko alueen painopisteiden etäisyydet referenssistä.

Seuraavaksi ryhdytään soveltamaan Steinerin sääntöä. Sitä varten tarvitaan ensin kunkin osa-alueen neliömomentti oman painopisteakselinsa suhteen. Näiden ja osa-alueiden pinta-alojen avulla saadaan koko alueen neliömomentti.

Alueen 1 neliömomentti:

$$I_1 = \frac{b_1 \cdot {h_1}^3}{12} = \frac{15\ \text{mm} \cdot 65^3\text{mm}^3}{12} = 343281\ \text{mm}^4$$

Alueen 2 neliömomentti:

$$I_2 = \frac{b_2 \cdot {h_2}^3}{12} = \frac{50\ \text{mm} \cdot 15^3\text{mm}^3}{12} = 14062\ \text{mm}^4$$

Yhdistäminen Steinerin säännöllä:

$$I = I_1 + I_2 + A_1 \cdot b_1^2 + A_2 \cdot b_2^2 =$$
$$= 343281\ \text{mm}^4 + 14062\ \text{mm}^4 + 975\ \text{mm}^2 \cdot 17,4^2\text{mm}^2 +$$
$$+750\ \text{mm}^2 \cdot 22,6^2\text{mm}^2 = 1035604\ \text{mm}^4$$

ATK-menetelmät

Yhdistäminen voidaan hoitaa myös taulukkolaskennan avulla, josta esimerkki alla kuvissa 7.5 ja 7.6. Niissä on laskettu kuvassa 7.4 olevan kulmaraudan neliömomentti.

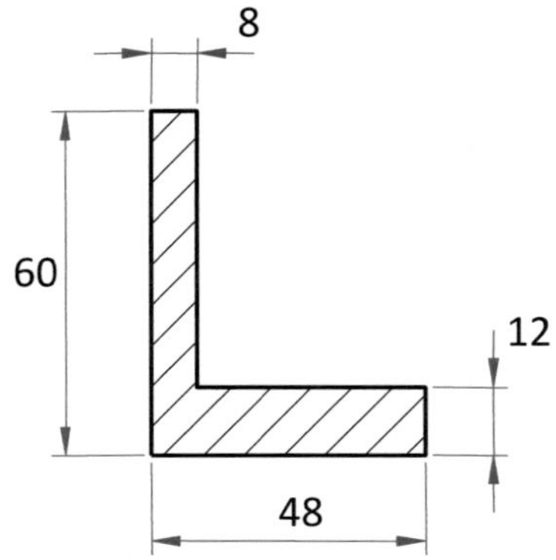

Kuva 7.4. Kulmarauta.

Internetistä voi ladata ohjelmia, joilla poikkipintasuureiden laskenta onnistuu näppärästi. Esimerkkinä tässä on **Engineering Power Tools** –ohjelma, joka sisältää melkoisen joukon eri insinööritieteissä tarvittavia työkaluja. Sieltä löytyy esimerkiksi välilehti **Structural**, jossa on standardin mukaisia poikkipintoja (kuva 7.7). Myös erilaisten vapaamuotoisten poikkipintojen laskenta onnistuu **Mechanical**-välilehden **Moment of Inertia** -valinnalla. (kuva 7.8).

MD Solids –ohjelmalla voidaan myös laskea mielivaltaisten poikkipintojen ominaisuuksia. Kuvissa 7.9 ja 7.10 on laskettu esimerkin 7.1 poikkipinnan arvot.

Useat CAD-ohjelmat sisältävät myös mahdollisuuden laskea poikkipintasuureita. Kuvassa 7.11. on esimerkki **OnShape**-ohjelman käytöstä tähän tarkoitukseen.

Taulukko2.xls

	A	B
1	**Steinerin sääntö**	
2		
3	**Syötettävät arvot:**	
4	1. Osapinnan ala	480
5	1. Osapinnan pp:n etäisyys alareunasta	30
6	1. Osapinnan neliömomentti	144000
7	2. Osapinnan ala	480
8	2. Osapinnan pp:n etäisyys alareunasta	6
9	2. Osapinnan neliömomentti	5760
10	3. Osapinnan ala	0
11	3. Osapinnan pp:n etäisyys alareunasta	0
12	3. Osapinnan neliömomentti	0
13		
14	**Lasketut arvot:**	
15	Koko pinnan pp:n etäisyys alareunasta	18
16	1. Osapinnan a	12
17	2. Osapinnan a	-12
18	3. Osapinnan a	-18
19	Koko pinnan neliömomentti	288000

Taul1 / Taul2 / Taul3

Kuva 7.5. Kulmaraudan neliömomentin laskenta.

Taulukko2.xls

	A	B
1	**Steinerin sääntö**	
2		
3	**Syötettävät arvot:**	
4	1. Osapinnan ala	480
5	1. Osapinnan pp:n etäisyys alareunasta	30
6	1. Osapinnan neliömomentti	144000
7	2. Osapinnan ala	480
8	2. Osapinnan pp:n etäisyys alareunasta	6
9	2. Osapinnan neliömomentti	5760
10	3. Osapinnan ala	0
11	3. Osapinnan pp:n etäisyys alareunasta	0
12	3. Osapinnan neliömomentti	0
13		
14	**Lasketut arvot:**	
15	Koko pinnan pp:n etäisyys alareunasta	=(B4*B5+B7*B8+B10*B11)/(B4+B7+B10)
16	1. Osapinnan a	=B5-B15
17	2. Osapinnan a	=B8-B15
18	3. Osapinnan a	=B11-B15
19	Koko pinnan neliömomentti	=B6+B9+B12+B4*B16*B16+B7*B17*B17+B10*B18*B18

Taul1 / Taul2 / Taul3

Kuva 7.6. Kaavat näkyvissä.

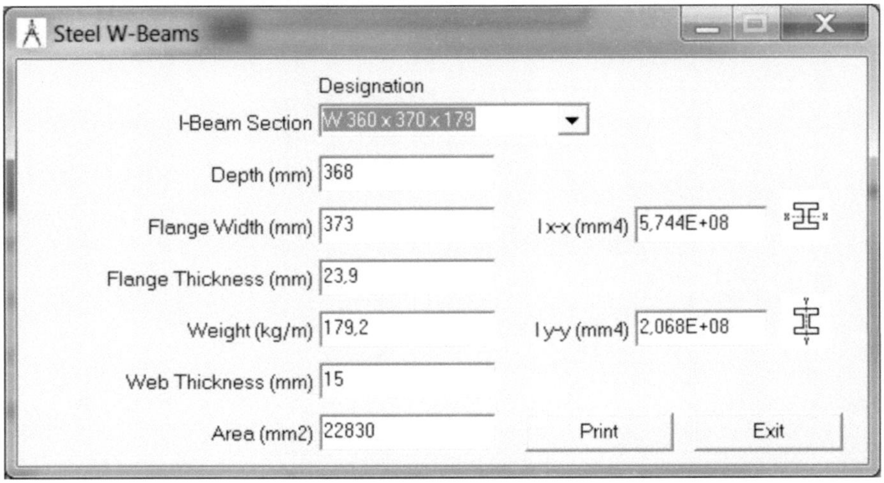

Kuva 7.7. Esimerkki Engineering Power Tools –ohjelman poikkipinnoista.

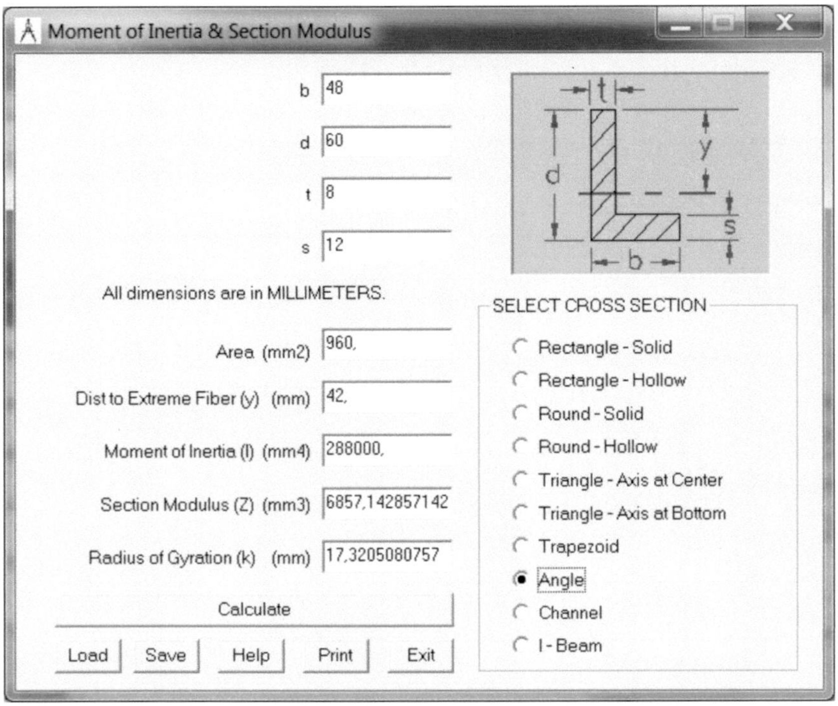

Kuva 7.8. Engineering Power Tools –ohjelman poikkipintalaskuri.

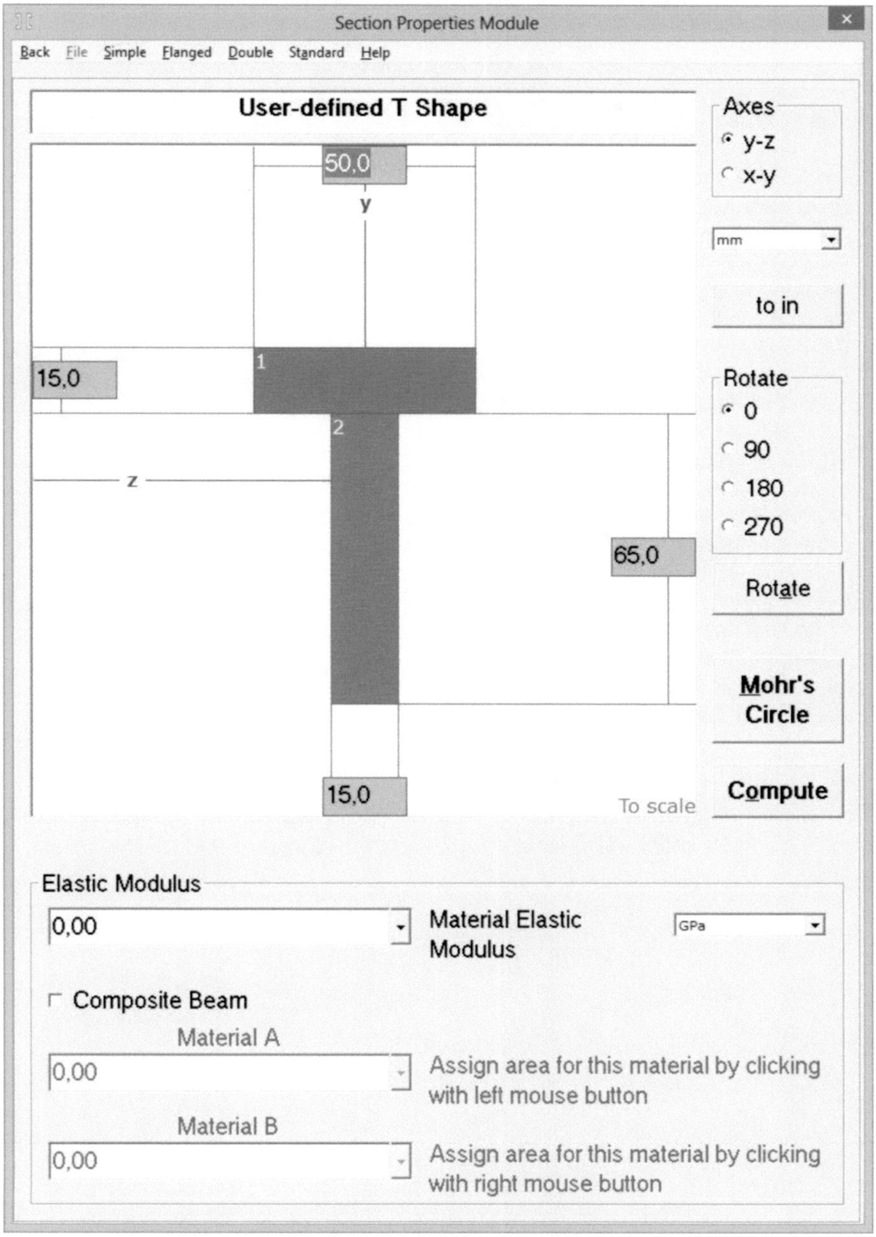

Kuva 7.9. MD Solids –ohjelman poikkipintalaskuri.

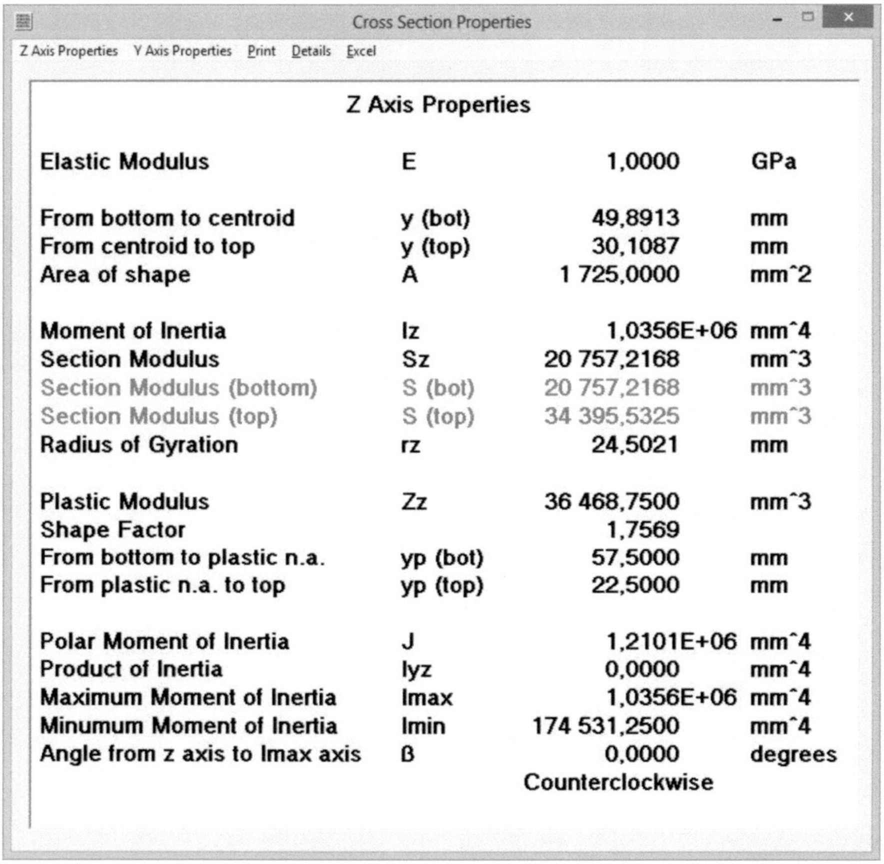

Cross Section Properties

Z Axis Properties Y Axis Properties Print Details Excel

Z Axis Properties

Elastic Modulus	E	1,0000	GPa
From bottom to centroid	y (bot)	49,8913	mm
From centroid to top	y (top)	30,1087	mm
Area of shape	A	1 725,0000	mm^2
Moment of Inertia	Iz	1,0356E+06	mm^4
Section Modulus	Sz	20 757,2168	mm^3
Section Modulus (bottom)	S (bot)	20 757,2168	mm^3
Section Modulus (top)	S (top)	34 395,5325	mm^3
Radius of Gyration	rz	24,5021	mm
Plastic Modulus	Zz	36 468,7500	mm^3
Shape Factor		1,7569	
From bottom to plastic n.a.	yp (bot)	57,5000	mm
From plastic n.a. to top	yp (top)	22,5000	mm
Polar Moment of Inertia	J	1,2101E+06	mm^4
Product of Inertia	Iyz	0,0000	mm^4
Maximum Moment of Inertia	Imax	1,0356E+06	mm^4
Minumum Moment of Inertia	Imin	174 531,2500	mm^4
Angle from z axis to Imax axis	ß	0,0000 Counterclockwise	degrees

Kuva 7.10. MD Solids –ohjelmistolla lasketut T-raudan poikkipintatiedot.

Kuva 7.11. OnShape-ohjelmalla lasketut poikkipintatiedot.

Tehtäviä

7.1 HE200B -palkkiin kohdistuva taivutusmomentti (M_z) on lisääntynyt 30 %. Suunnittele palkin ylä- ja alapuolelle hitsattavien vahvikelevyjen (kuva 7.11) mitat siten, että palkin kestävyys pysyy kuormituksen lisäyksestä huolimatta ennallaan.

7.2 Alumiinista on pursotettu kuvan 7.12 mukainen profiili. Kuinka suuren taivutusmomentin profiili kantaa ennen myötämistä, jos kuormitus kohdistuu pystysuunnassa? Entä, jos kuormitus on vaakasuunnassa?

7.3 Suorakaiteen muotoiseen poikkipintaan (leveys puolet korkeudesta) on porattu reikä kuvan 7.13 mukaisesti. Reiän halkaisija on puolet poikkipinnan leveydestä ja sen keskipiste on neljänneksen verran poikkipinnan korkeudesta yläreunan alapuolella. Paljonko poikkipinnan taivutuskestävyys on pienentynyt reiän johdosta reiättömään poikkipintaan verrattuna? Kuormitus vaikuttaa pystysuunnassa.

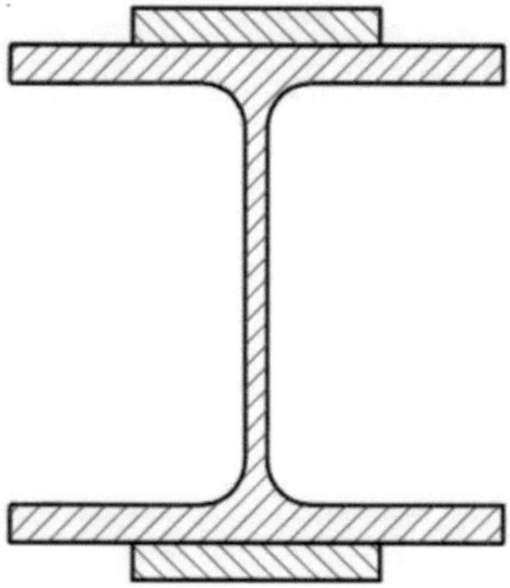

Kuva 7.11. HE200B palkki vahvikkeineen.

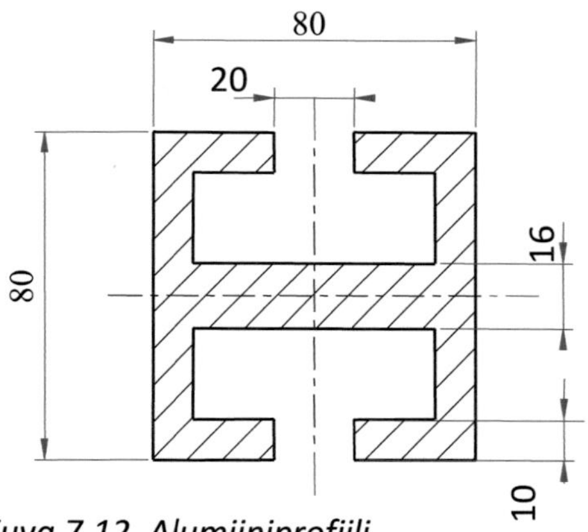

Kuva 7.12. Alumiiniprofiili.

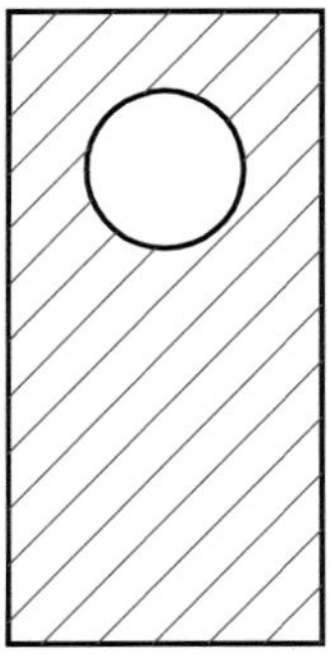

Kuva 7.13. Paljonko reikä heikentää poikkipintaa?

8

Taipumaviiva

Taipumaviiva

Superpositioperiaate

Staattisesti epämääräiset tapaukset

Muodonmuutokset ovat monessa tapauksessa määräävänä kriteerinä analyysin tuloksia tarkasteltaessa. Liian suuret kimmoiset muodonmuutokset saattavat aiheuttaa rakenteen toimintakyvyn menetyksen, vaikka jännitykset olisivatkin hyväksyttävällä tasolla. Erikoisesti tämä tulee vastaan pitkillä ja kapeilla rakenneosilla. Kimmoisen muodonmuutoksen suuruuteen vaikuttaa materiaaliominaisuuksista vain kimmokerroin, joka esimerkiksi teräksillä on laadusta riippumatta suunnilleen sama. Tällöin kohteeseen riittää lujuusominaisuuksiltaan heikompikin teräslaatu.

Taipumaviiva

Kaikki rasitukset aiheuttavat kappaleisiin muodonmuutoksia. Tässä yhteydessä rajoitumme käsittelemään vain taivutuksen aiheuttamia muodonmuutoksia. Kurkistetaan sen verran asian teoreettiseen taustaan, että voimme paremmin ymmärtää myöhemmin esille tulevia laskentamenetelmiä.

Yleensä palkin taipumaa laskettaessa asetetaan koordinaatisto siten, että *x*-akseli kulkee palkin pituusakselin suunnassa sen poikkipinnan neutraaliakselia pitkin. Vastaavasti *y*-akseli kulkee taivutustasossa positiivinen suunta normaalisti alaspäin ja *z*-akseli sitä vastaan kohtisuoraan (kuva 8.1).

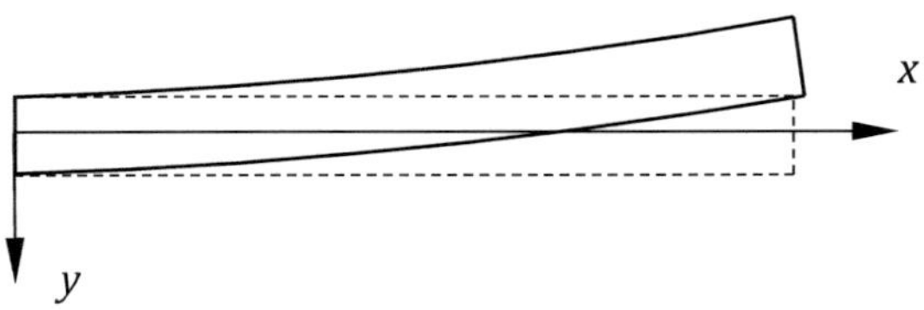

Kuva 8.1. Taipumaviiva ja koordinaatisto.

Jos palkkiin syntyneen taipumaviiva kuvitellaan tietyllä kohdalla ympyränkaaren muotoiseksi ja merkitään kaaren sädettä ko. kohdassa kirjaimella ρ, voidaan johtaa yhtälö:

$$\frac{1}{\rho} = \frac{M}{E \cdot I}$$

M = taivutusmomentti
E = kimmokerroin
I = neliömomentti

Tästä voidaan edelleen johtaa taipumaviivan differentiaaliyhtälö, jonka avulla periaatteessa minkä tahansa palkkirakenteen taipumat voidaan ratkaista.

Liitteessä C olevassa taulukossa on esitetty eräiden tyypillisimpien taivutustapausten muodonmuutosten lausekkeet.

Kun taulukkoa tarkastellaan lähemmin, huomataan, että kaikissa muodonmuutoksen lausekkeissa on nimittäjässä tulo *EI*. *E* tarkoittaa materiaalin kimmokerrointa ja *I* on poikkipinnan neliömomentti. Selväsanaisesti tämä tarkoittaa sitä, että mitä suurempi kimmokerroin materiaalilla on, sitä vähemmän se taivutuksen johdosta muuttaa muotoaan eli taipuu. Aivan vastaavasti on neliömomentin laita: mitä suurempi neliömomentti, sitä vähemmän muodonmuutosta. Tuloa *EI* nimitetäänkin siksi taivutusjäykkyydeksi, koska se kertoo materiaalin ja poikkipinnan geometrian vaikutuksen muodonmuutokseen.

Taipumaviivan kulkua voidaan hahmottaa myös graafisesti esimerkiksi taulukkolaskentaohjelman avulla kuvan 8.2 mukaisesti, jossa voima vaikuttaa palkin keskellä.

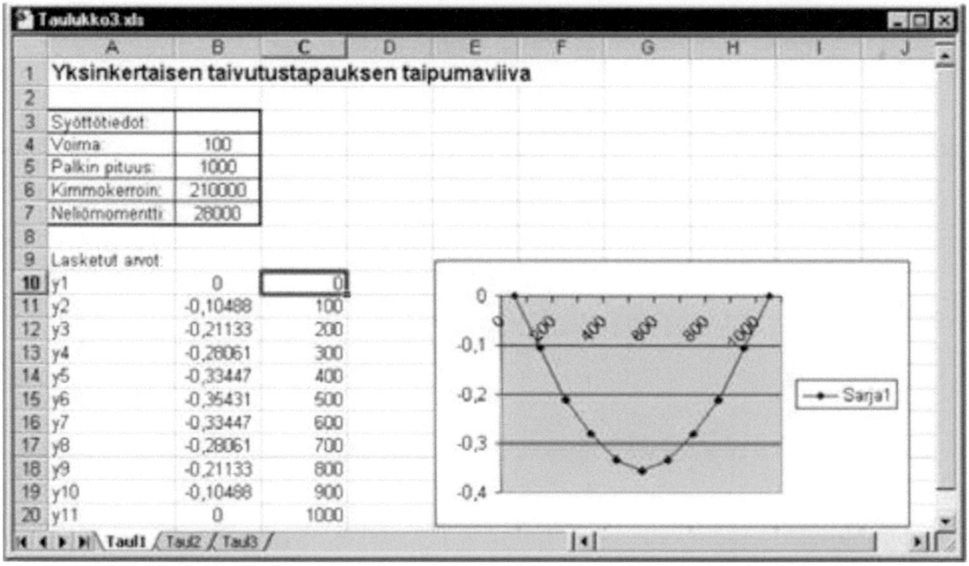

Kuva 8.2. Taipumia laskettuna taulukkolaskennan avulla.

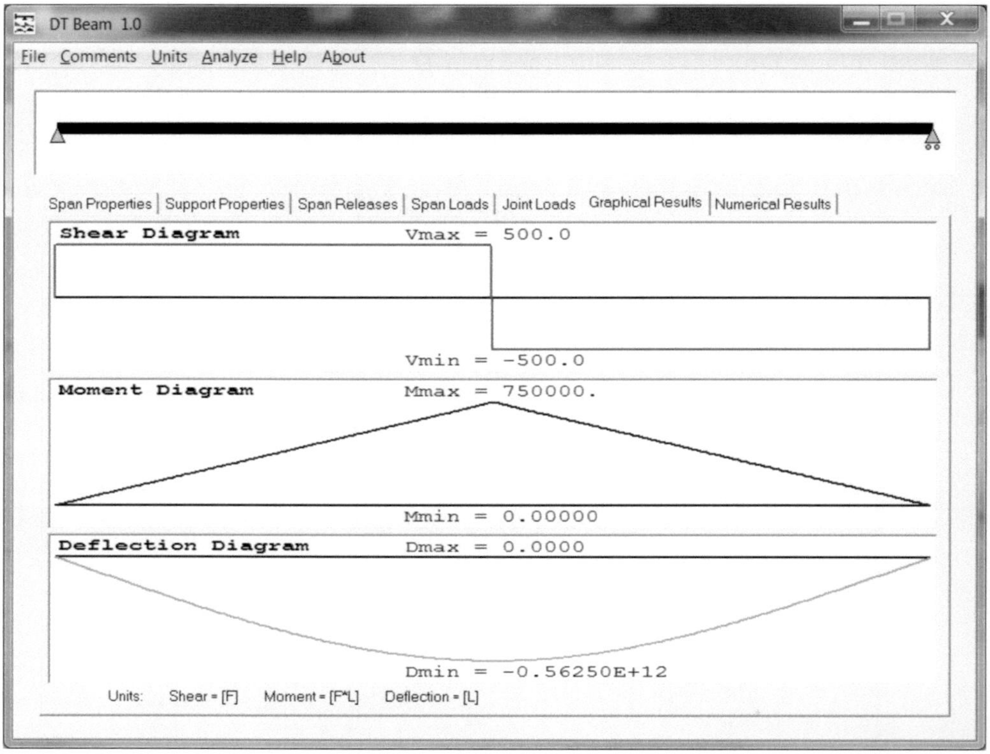

Kuva 8.3. Taipumaviiva rasituskuvioiden alapuolella laskettuna DT Beam –ohjelmalla.

Superpositioperiaate

Kimmoisiin taipumiin pätee ns. superpositioperiaate, joka tarkoittaa sitä, että monimutkaisempien kuormitustapausten aiheuttamia muodonmuutoksia voidaan yhdistellä yksinkertaisemmista laskemalla eri tapausten taipumat suoraan yhteen. On tärkeää muistaa, että superpositioperiaate pätee vain silloin, kun tarkastelu kohdistuu jännitys-venymäkäyrän suoran alkuosan alueelle, jossa muodonmuutos tapahtuu lineaarisena (tässä kirjassahan olemme koko ajan tällä alueella).

Esimerkki 8.1

Palkki HE 100 B on kuormitettu kuvan 8.4 mukaisesti kahdella voimalla. Laske taipuma palkin keskellä. Millainen merkitys palkin omalla painolla on taipuman kannalta?

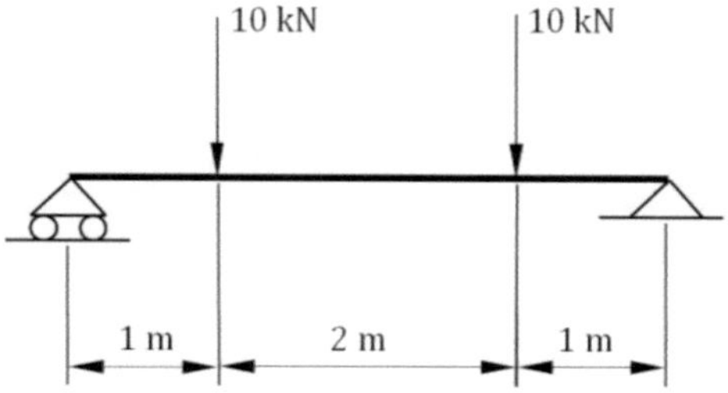

Kuva 8.4. Laske palkin suurin taipuma.

Ratkaisu:

Koska kuormitus on symmetrinen, täytyy myös taipuman olla suurin palkin keskellä. Superpositioperiaatteen mukaisesti voidaan laskea erikseen kummankin voiman aiheuttama taipuma palkin keskellä ja summata sitten nämä yhteen.

$$\delta_{l/2} = \frac{F \cdot b\left(3 \cdot l^2 - 4 \cdot b^2\right)}{48EI} =$$

$$= \frac{10000\ \text{N} \cdot 1000\ \text{mm}\left(3 \cdot 4000^2 - 4 \cdot 1000^2\right)\text{mm}^2}{48 \cdot 9{,}45 \cdot 10^{11}\text{Nmm}^2} =$$

$$\delta_{l/2} = 9{,}7\ \text{mm} \Rightarrow$$

$$\delta_{\max} = 2 \cdot \delta_{l/2} = 2 \cdot 9{,}7\ \text{mm} = 19{,}4\ \text{mm}$$

Koska kuormitus on symmetrinen, on lopullinen taipuma kaksi kertaa yhden voiman aiheuttama taipuma, eli 19,4 mm.

Palkin oma pituusmassa (20,4 kg/m) otetaan huomioon tasaisena kuormana (eli 205 N/m). Vaikka oman painon aiheuttama taipuman lisäys on tällä kertaa varsin mitätön, on kokonaistaipuma kuitenkin varsin suuri ja useisiin tapauksiin jopa liian suuri. Palkin taivutusjäykkyys on nyt *EI* eli 4,5 10^6 mm^4 x 210 000 N/mm^2 = 9,45 10^{11} Nmm^2.

$$\delta_{op} = \frac{5 \cdot q \cdot l^4}{384 \cdot EI} =$$

$$= \frac{5 \cdot 0{,}205\ \mathrm{N/mm} \cdot 4000^4\ \mathrm{mm}^4}{384 \cdot 9{,}45 \cdot 10^{11}\ \mathrm{Nmm}^2} = 0{,}7\ \mathrm{mm}$$

Staattisesti epämääräiset tapaukset

Staattisesti epämääräinen eli staattisesti määräämätön eli hyperstaattinen tapaus syntyy, kun palkilla on tuntemattomia tukivoimia enemmän kuin käytettävissä olevia tasapainoyhtälöitä. Tällainen rakenne ratkaistaan muuttamalla ylimääräiset tuet ulkoisiksi tuntemattomiksi voimiksi. Jotta rakenne vastaisi alkuperäistä, on voimiksi muutettujen tukien kohdalle asetettava tukea vastaavat siirtymäehdot. Tällä tavalla saadaan käyttöön lisäyhtälöitä, joista kaikki tuntemattomat suureet voidaan ratkaista.

Edellä esitetty tapa tunnetaan nimellä voimamenetelmä, koska tuntemattomina ovat nimenomaan voimasuureet. Menetelmä sopii hyvin käsin laskentaan, kun tuntemattomien lukumäärä on pieni ja valmiiksi laskettuja taulukoita voidaan käyttää hyväksi.

Jos voimien sijasta tuntemattomina käytetään siirtymiä, tullaan siirtymämenetelmään, jolla on hyvin runsaasti käyttökohteita mm. tietokoneella tapahtuvassa laskennassa. Siirtymämenetelmään perustuu myös elementtimenetelmän nimellä kulkeva ratkaisutapa, josta käytetään myös lyhennettä FEA (= Finite Element Analysis) tai FEM (= Finite Element Method).

Esimerkki 8.2

Palkki on kuormitettu kuvan 8.5 mukaisesti tasaisella kuormalla. Laske keskimmäisen tuen tukivoima.

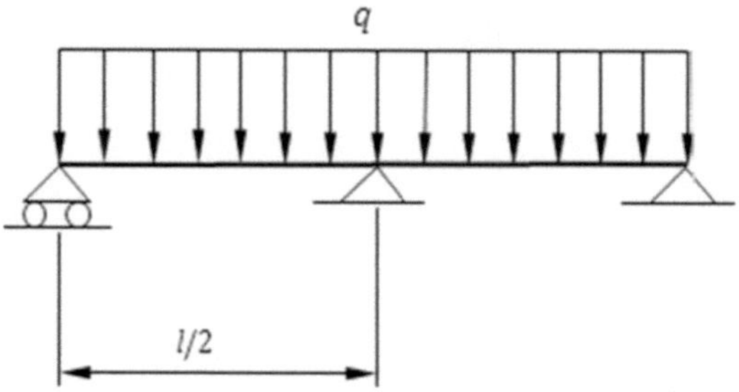

Kuva 8.5. Laske keskimmäisen tuen tukivoima.

Ratkaisu:

Koska tuntemattomia tukivoimia on enemmän kuin tasapainoyhtälöitä, on jostain saatava lisää yhtälöitä. Tämä onnistuu poistamalla ensin keskimmäinen tuki ja merkitsemällä se tuntemattomaksi ulkoiseksi voimaksi (kuva 8.6).

Nyt voidaan superpositioperiaatteen mukaisesti laskea sekä tasaisen kuorman että tuntemattoman ulkoisen voiman tuen kohdalla aiheuttama taipuma. Koska tiedetään, että tuen kohdalla taipuman on oltava nolla, voidaan kahden kuormituksen aiheuttamat taipumat laskea yhteen ja asettaa tulos nollaksi, jolloin tuntematon tukivoima voidaan ratkaista.

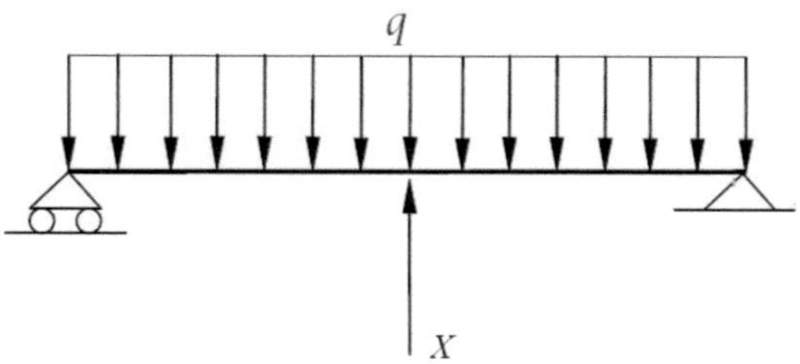

Kuva 8.6. Merkitään keskimmäinen tuki tuntemattomana ulkoisena voimana.

Tuntemattomaksi merkityn tukivoiman "aiheuttama taipuma" saadaan yhtälöstä (huomaa taipuman etumerkki):

$$\delta_X = -\frac{X \cdot l^3}{48 \cdot EI}$$

Tasaisen kuorman taipuma saadaan kaavasta:

$$\delta_q = \frac{5 \cdot q \cdot l^4}{384 \cdot EI}$$

Yhteensopivuusehdosta saadaan:

$$\delta_q + \delta_X = 0 \Rightarrow \frac{5 \cdot q \cdot l^4}{384 \cdot EI} - \frac{X \cdot l^3}{48 \cdot EI} = 0 \Rightarrow$$

$$X = \frac{5 \cdot q \cdot l}{8}$$

Esimerkki 8.3

Poikkipinnaltaan pyöreä akseli, jonka halkaisija on 30 mm ja pituus 2 m on laakeroitu päistään ja keskeltä. Asennusvirheen vuoksi keskiakseli on joutunut 2 mm sivuun. Kuinka suuri jännitys tästä syntyy akseliin?

Ratkaisu:

Tällä kertaa tunnetaan taipuman arvo ja voima ja sitä kautta jännitys ovat tuntemattomia suureita. Voima voidaan ensin ratkaista taipuman yhtälöstä.

$$\delta_{l/2} = \frac{X \cdot l^3}{48 \cdot EI} \Rightarrow X = \frac{48 \cdot EI \cdot \delta_{l/2}}{l^3}$$

$$X = \frac{48 \cdot 210000\ \text{N/mm}^2 \cdot \pi \cdot 30^4\,\text{mm}^4 \cdot 2\ \text{mm}}{64 \cdot 2000^3\,\text{mm}^3} \Rightarrow$$

$$X = 100{,}2\ \text{N}$$

Voiman avulla päästään kiinni jännitykseen.

$$\sigma = \frac{M_t}{W} = \frac{X \cdot l \cdot 32}{4 \cdot \pi \cdot d^3} = \frac{100{,}2\ \text{N} \cdot 2000\ \text{mm} \cdot 8}{\pi \cdot 30^3\,\text{mm}^3} \Rightarrow$$

$$\sigma = 18{,}9\ \text{MPa}$$

Tehtäviä

8.1 Esimerkissä 8.1 todettiin, että kokonaistaipuma on liian suuri. Mihin tämä väite perustuu? Mitä voit sanoa palkin taivutusjännityksestä?

8.2 Laske harjoituksen 6.1 kuormitustapausten suurin taipuma. Voit tarkistaa tuloksen käyttämällä taulukkolaskentaohjelmaa tai muuta käytössäsi olevaa tietokoneohjelmaa.

8.3 Määritä kuvan 8.7 kuormitustapauksen tukivoimat ja laske suurimman taivutusmomentin arvo. Valitse sopiva materiaali ja standardin mukainen poikkipinta ottaen huomioon myös sallittu muodonmuutos ja pohdi oman painon merkitystä.

8.4 Määritä kuvan 8.8 kuormitustapauksen tukivoimat ja laske suurimman taivutusmomentin arvo. Valitse sopiva materiaali ja standardin mukainen poikkipinta ottaen huomioon myös sallittu muodonmuutos ja pohdi oman painon merkitystä.

8.5 Kuinka paljon päistään laakeroitu, 500 mm pitkä ja pyöreäpoikkipintainen teräsakseli, jonka halkaisija on 30 mm, taipuu keskellä olevan 80 kg massan vaikutuksesta? Paljonko kuormitus saisi olla, jottei taipumasta tulisi suurempi kuin 0,5 mm?

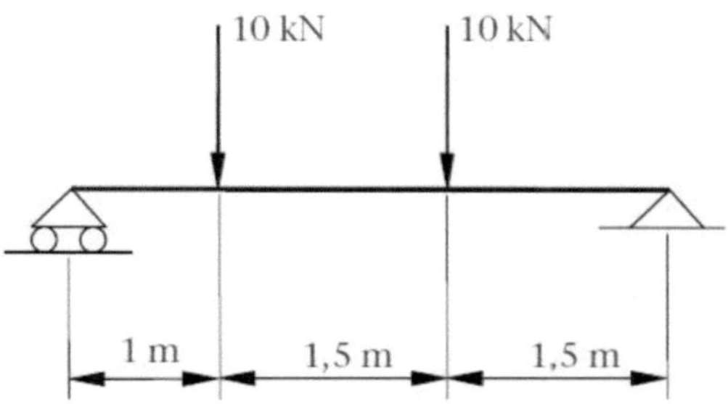

Kuva 8.7. Valitse sopiva poikkipinta ottaen huomioon myös taipuman.

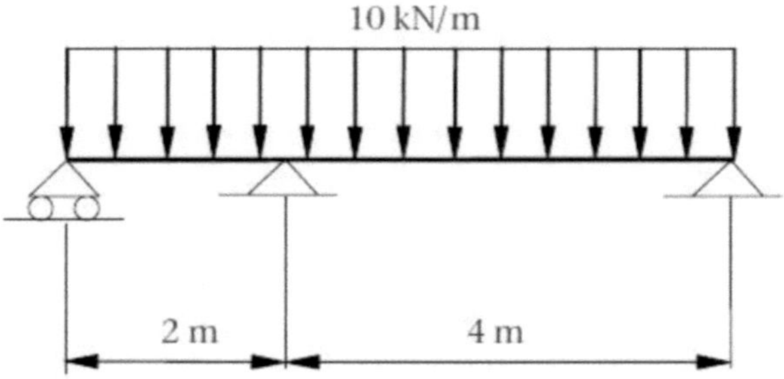

Kuva 8.8. Valitse sopiva poikkipinta ottaen huomioon myös taipuman.

9

Leikkaus

Leikkausvoiman kuormittama rakenne ei ole läheskään niin yleinen kuin taivutuskuorman alainen rakenne. Taivutus on myös normaalisti ankarampi rasitus, joka aiheuttaa rakenteen vaurion, vaikka sitä samanaikaisesti kuormittaisi myös leikkaus. Nyrkkisääntönä voidaan pitää sitä, että leikkaukselle alttiit rakenteet ovat yleensä pituuteensa nähden korkeita.

Leikkausjännitys

Leikkausjännitys syntyy kappaleeseen silloin, kun siihen vaikuttaa leikkausrasitus. Luvussa 2 piirrettiin palkeille leikkausvoimakuvioita, jotka kertoivat palkkiin vaikuttavan leikkausvoiman suuruuden sen kussakin kohdassa. Leikkausvoiman palkissa aiheuttama leikkausjännitys voidaan laskea myöhemmin tässä luvussa esitetyllä tavalla.

Leikkausrasitus esiintyy myös ns. puhtaana leikkauksena esimerkiksi ruuvi- ja niittiliitosten yhteydessä. Puhtaan leikkauksen aiheuttaa voima, joka vaikuttaa tarkasteltavan poikkipinnan suuntaisesti.

Tarkastellaan kuvan 9.1 mukaista tapausta, jossa ulokepalkkiin vaikuttaa voima *F*.

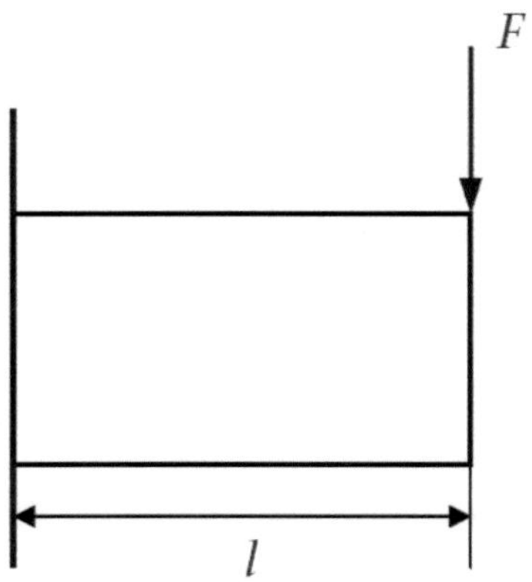

Kuva 9.1. Leikkaus ulokepalkissa.

Jos etäisyys l on hyvin pieni, niin että taivutusmomentti Fl ja tämän aiheuttama taivutusjännitystila kappaleessa voidaan jättää huomiotta, niin keskimääräinen leikkausjännitys τ pinnan alueella saadaan jakamalla leikkausvoima F poikkipinnan pinta-alalla A.

Esimerkki 9.1

Kolme levyä on kiinnitettävä kuvan 9.2 mukaisesti toisiinsa kahdella ruuvilla. Laske ruuvien nimellishalkaisija, jos niiden materiaalille voidaan sallia 140 MPa leikkausjännitys.

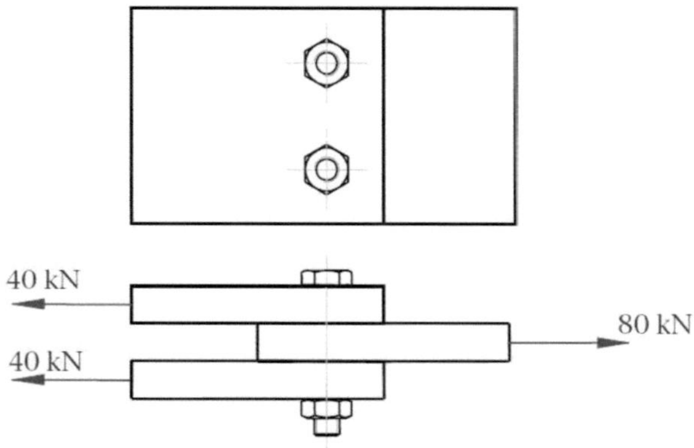

Kuva 9.2. Laske ruuvien nimellishalkaisija.

Ratkaisu:

Oletetaan, että voimat jakautuvat tasan molemmille ruuveille. Leikkausvoima jakaantuu edelleen kahteen pintaan kummassakin ruuvissa. Ruuvin tapauksessa voidaan aina olettaa, että leikkausjännitys jakaantuu tasan poikkipinnalle.

Leikkausjännityksen tulee olla pienempi tai yhtä suuri kuin sallittu jännitys, jolla perusteella saadaan ratkaistua ruuvin minimihalkaisija.

$$\tau = \frac{F}{A} = \frac{F \cdot 4}{\pi \cdot d^2}$$

$$\frac{F \cdot 4}{\pi \cdot d^2} \leq 140\ \text{MPa} \Rightarrow d^2 \geq \frac{F \cdot 4}{\pi \cdot 140\ \text{MPa}}$$

$$d \geq \sqrt{\frac{F \cdot 4}{\pi \cdot 140\ \text{MPa}}} = \sqrt{\frac{20000\ \text{N} \cdot 4}{\pi \cdot 140 \frac{\text{N}}{\text{mm}^2}}} = 13{,}5\ \text{mm}$$

Valitaan ruuvi M16.

Leikkauksen aiheuttama muodonmuutos

Leikkausvoiman aiheuttama muodonmuutos (eli ns. työntymä) saadaan kaavasta:

$$\lambda = \frac{1}{G} \cdot \frac{F \cdot l}{A}$$

G = materiaalista riippuva liukukerroin, joka teräksellä on n. 80 000 MPa.

Vedon tapaan saavutetaan myös leikkauksen yhteydessä leikkausvoiman kasvaessa suhteellisuusraja, jonka alapuolella tämän kirjan kaavat pitävät paikkansa. Leikkauksessa on myös olemassa muita vetoa ja taivutusta vastaavia raja-arvoja, kuten leikkausmyötöraja ja leikkausmurtolujuus. Jos näitä arvoja ei käytetylle materiaalille löydy käsikirjoista tai valmistajien luetteloista, voidaan ne arvioida vetomyötörajan tai vetomurtolujuuden avulla kertomalla vastaavat arvot kertoimella 0,6.

Leikkaus ja taivutus

Taivutuksen yhteydessä leikkausjännitys esiintyy aina toisiaan vastaan kohtisuorissa tasoissa olevina yhtä suurina pareina. Parin molemmat jännitysvektorit osoittavat tasojen leikkaussuoraan tai siitä poispäin. Käytännössä tämä tarkoittaa sitä, että palkissa vaikuttavat leikkausjännitykset esiintyvät palkin poikkileikkaustason lisäksi samansuuruisina myös palkin pituussuunnassa. Tällä on merkitystä esimerkiksi silloin, kun palkin osia on liitetty yhteen pitkittäissuuntaisilla liitoksilla (hitsit, niitit jne.).

Puhtaassa leikkauksessa leikkausjännitys oletettiin vakioksi koko poikkipinnan alueella. Taivutuksen yhteydessä esiintyessään leikkausjännitys muuttuu taivutusjännityksen tapaan poikkipinnan alueella. Yleensä leikkausjännitys on suurimmillaan siellä missä taivutusjännitys on pienimmillään. Leikkausjännitys voidaan laskea kaavasta:

$$\tau = \frac{Q \cdot S}{b \cdot I}$$

Q = palkin tarkasteltavan poikkileikkauksen kohdalla vaikuttava leikkausvoima (saadaan leikkausvoimakuviosta)

S = tarkastelukohdassa olevan leikkauksen erottaman poikkipinnan osan staattinen momentti neutraaliakselin suhteen.

b = poikkipinnan leveys tarkastelukohdassa

I = poikkipinnan neliömomentti

Staattinen momentti lasketaan kertomalla tarkastelukohdan ylä- tai alapuolisen poikkipinnan osion pinta-ala ko. osion painopisteen etäisyydellä neutraaliakselista.

Seuraavassa on laskettu muutamia vertailuarvoja tyypillisimpien poikkipintojen suurimmille leikkausjännityksille. Kaikki nämä arvot vaikuttavat poikkipinnan painopisteen kohdalla.

Suorakaide, jonka leveys on *b* ja korkeus *h*:

$$\tau_{max} = \frac{3}{2} \cdot \frac{Q}{A}$$

eli 1,5 kertaa niin suuri kuin keskimääräinen leikkausjännitys (*Q/A*).

Ympyrä, jonka säde on *r*:

$$\tau_{max} = \frac{4}{3} \cdot \frac{Q}{A}$$

Ohut putki, jonka säde seinämän keskelle on *r* ja seinämän paksuus *s*:

$$\tau_{max} = 2 \cdot \frac{Q}{A}$$

Syy, miksi putken leikkausjännityksen arvo nousee huomattavasti suuremmaksi kuin esim. ympyrän, on putken paljon pienemmässä ainevahvuudessa. Leikkausjännitys nouseekin helposti vaarallisen suureksi kaikilla sellaisilla poikkipinnoilla, joiden keskiosassa on hyvin pieni ainevahvuus verrattuna poikkipinnan muihin mittoihin.

Esimerkki 9.2

Kuvan 9.3 mukaisesti tuettu palkki on rakennettu liimaamalla kuvan 9.4 mukaisesti yhteen kolme 100 mm x 50 mm puupalkkia (kakkosnelosta). Laske sekä liimasaumassa että puussa vaikuttava suurin leikkausjännitys.

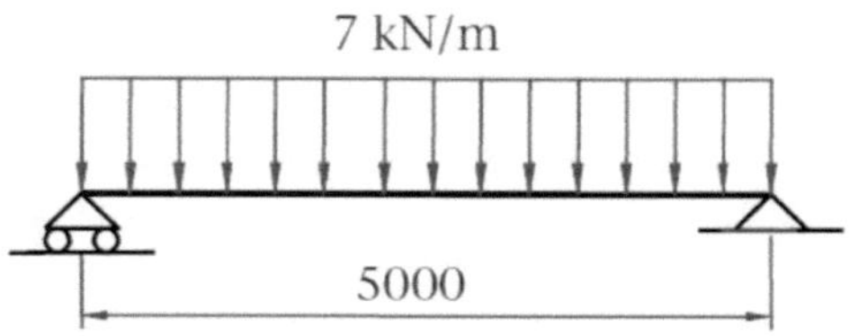

Kuva 9.3. Laske liimasauman ja puun suurin leikkausjännitys.

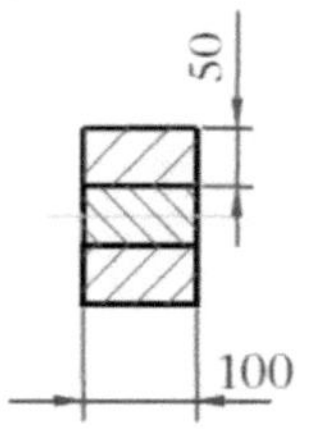

Kuva 9.4. Palkki on liimattu kolmesta kakkosnelosesta.

Ratkaisu:

Leikkausvoimakuviosta (kuva 9.5) nähdään, että suurin leikkausvoima vaikuttaa palkin päissä.

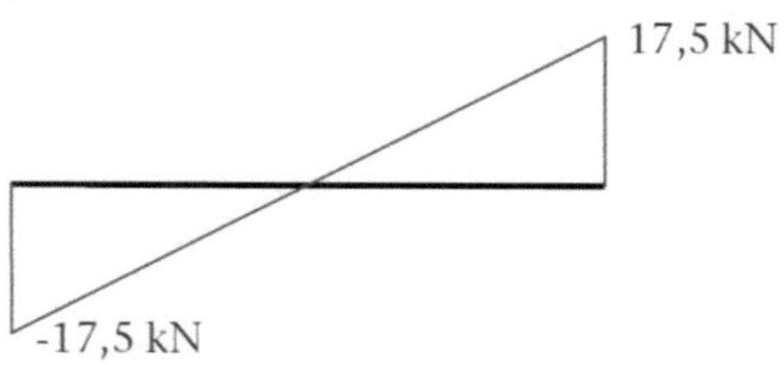

Kuva 9.5. Leikkausvoimakuvio.

Lasketaan aluksi koko poikkipinnan neliömomentti.

$$I = \frac{b \cdot h^3}{12} = \frac{100\ \text{mm} \cdot 150^3\ \text{mm}^3}{12} = 28{,}12 \cdot 10^6\ \text{mm}^4$$

Leikkausjännitys liimasaumassa voidaan laskea tarkastelemalla kuvan 9.6 mukaisesti palkin reunimmaista kakkosnelosta.

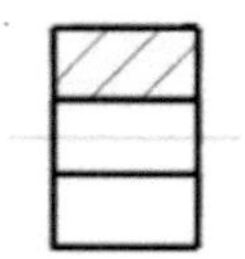

Kuva 9.6. Lasketaan liimasaumassa vaikuttava leikkausjännitys tarkastelemalla reunimmaista kakkosnelosta.

$$\tau = \frac{Q \cdot S}{b \cdot I}$$

Reunimmaisen kakkosnelosen staattinen momentti painopisteen suhteen saadaan siis kertomalla kakkosnelosen pinta-ala kyseisen pinta-alan painopisteen etäisyydellä painopisteakselista.

$$S_1 = A_1 \cdot y_1 = 100\ \text{mm} \cdot 50\ \text{mm} \cdot 50\ \text{mm} = 25 \cdot 10^4 \text{mm}^3$$

Liimasauman leikkausjännitys on nyt

$$\tau_1 = \frac{Q_{max} \cdot S_1}{b \cdot I} = \frac{17500\ \mathrm{N} \cdot 25 \cdot 10^4\ \mathrm{mm}^3}{100\ \mathrm{mm} \cdot 28{,}12 \cdot 10^6\ \mathrm{mm}^4} = 1{,}56\ \mathrm{MPa}$$

Puussa vaikuttava leikkausjännitys on suurimmillaan palkin keskellä.

Puolikaspalkin staattinen momentti on

$$S_2 = A_2 \cdot y_2 = 100\ \mathrm{mm} \cdot 75\ \mathrm{mm} \cdot 37{,}5\ \mathrm{mm} = 28{,}1 \cdot 10^4\ \mathrm{mm}^3$$

ja keskipisteen leikkausjännitys

$$\tau_2 = \frac{Q_{max} \cdot S_2}{b \cdot I} = \frac{17500 N \cdot 28{,}1 \cdot 10^4\ \mathrm{mm}^3}{100\ \mathrm{mm} \cdot 28{,}12 \cdot 10^6\ \mathrm{mm}^4} = 1{,}75\ \mathrm{MPa}$$

Tehtäviä

9.1 1 mm paksusta levystä, jonka leikkausmurtolujuus on 220 MPa leikataan palasia, joiden leikkausviivan pituus on 180 mm. Paljonko tarvitaan puristusvoimaa?

9.2 Pyöreäpoikkipintaisen teräksisen ulokekannattimen pituus on 600 mm ja halkaisija 40 mm. Laske a) ulokkeen päässä vaikuttavan voiman suuruus, kun taivutusjännitystä sallitaan 150 MPa, b) suurin taipuma ja c) suurin työntymä. Tee johtopäätös työntymän merkityksestä taipumaan verrattuna.

9.3 Mitoita poikkipinnaltaan ympyrän muotoisen uloketapin halkaisija taivutuksen mukaan, kun sen pituus on 20 mm ja siihen vaikuttaa tasan jakautunut 3 kN kuorma. Sallittu taivutusjännitys on 100 MPa. Laske sen jälkeen tapissa vaikuttava suurin leikkausjännitys.

9.4 Valitse mitat *x* ja *y* kuvan 9.7 mukaiselle kulmaliitokselle. Voima *F* = 40 kN vaikuttaa vinon lankun suuntaisesti. Materiaali on puuta, jonka sallittu pintapaine on 6 MPa ja sallittu leikkausjännitys 1,2 MPa.

9.5 Palkki muodostuu kuvan 9.8. mukaisesti kahdesta laudasta, jotka on kiinnitetty toisiinsa ruuveilla. Palkin poikkileikkauksessa vaikuttaa 6 kN suuruinen leikkausvoima. Valitse riittävä ruuviväli, kun sallittu ruuviin kohdistuva leikkausvoima on 2,5 kN.

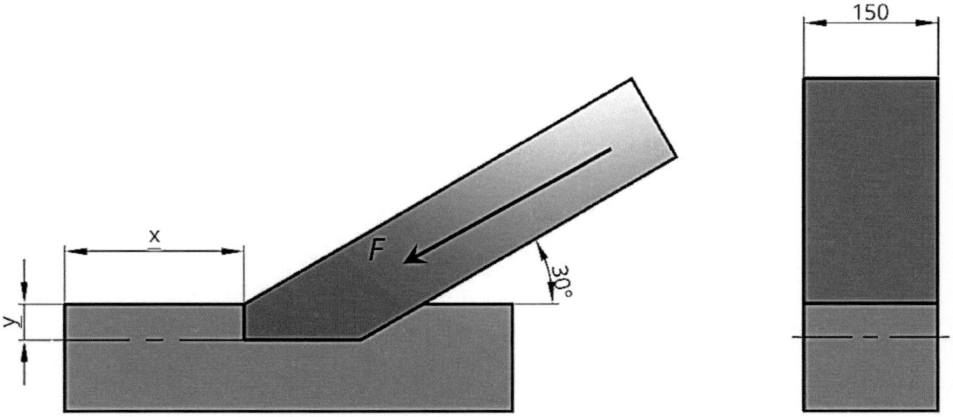

Kuva 9.7. Valitse mitat x ja y.

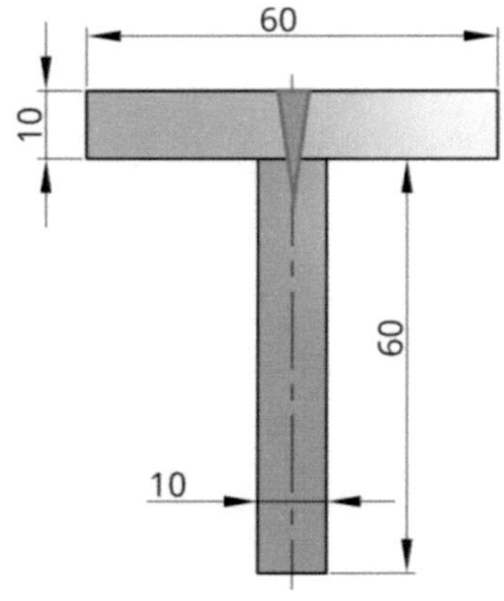

Kuva 9.8. Valitse ruuviväli.

10

Vääntö

Ympyräpoikkipinnan vääntö

Putken vääntö

Suorakaiteen vääntö

Vääntökulma

Tehonsiirtoakselit

Vääntörasitusta esiintyy yleisimmin erilaisissa voimansiirtoon liittyvissä rakenteissa (voimansiirtoakselit) ja kierrejousissa. Vääntö aiheuttaa rakenteeseen leikkausjännityksen. Pyöreän poikkipinnan - jollainen akselissa ja kierrejousessakin yleensä on - vääntö hallitaan helposti erilaisilla kaavoilla ja ATK-ohjelmilla, joita on vuosien mittaan kehitetty. Myös muita poikkileikkauksia varten on olemassa teorioita ja ohjelmia vino pino, joista tässä esitetään tärkeimmät. Jos poikkipinta on sen muotoinen, että valmista kaavaa ei kerta kaikkiaan löydy, voidaan suurinta mahdollista vääntöjännitystä arvioida karkeasti laskemalla poikkipinnan sisään piirretyn suurimman mahdollisen ympyrän vääntöjännitys.

Ympyräpoikkipinnan vääntö

Jos ympyräpoikkipintaista kappaletta rasitetaan vääntömomentilla, syntyy kappaleeseen leikkausjännitys, jonka kappaleen ulkopinnalla vaikuttava maksimiarvo voidaan laskea kaavalla:

$$\tau = \frac{M_v}{W_v}$$

Kaavassa W_v on ns. vääntövastus, jonka laskemista varten erilaisille poikkipinnoille on olemassa runsaasti taulukoita (mm. liitteessä B).

Ympyräpoikkipinnan vääntövastus saadaan kaavasta:

$$W_v = \frac{\pi \cdot d^3}{16} \approx 0{,}2 \cdot d^3$$

Putken vääntö

Putken vääntövastus voidaan laskea kahdella tavalla. Jos kyseessä on pyöreä putki, saadaan vääntövastus kaavasta:

$$W_v = \frac{\pi \cdot d_1^3}{16} \cdot \left[1 - \left(\frac{d_2}{d_1} \right)^4 \right]$$

d_1 = putken ulkohalkaisija
d_2 = putken sisähalkaisija

Jos taas kyseessä on muun muotoinen (käy myös pyöreälle) putki, saadaan likimääräinen (hieman liian suuri) vääntövastus kaavasta:

$$W_v = 2 \cdot A \cdot s$$

A = putken seinämän keskiviivaan mitattu pinta-ala (siis ei seinämän pinta-ala)

s = seinämän vahvuus (jos useita paksuuksia, käytetään pienintä)

Suorakaidepoikkileikkaus

Suorakaiteen muotoisen poikkileikkauksen vääntövastus voidaan laskea kaavasta:

$$W_v = \frac{h \cdot b^2}{\psi}$$

h = poikkipinnan korkeus

b = poikkipinnan leveys

ψ = korjauskerroin, jonka arvo riippuu leveyden ja korkeuden suhteesta ja saadaan taulukosta 10.1.

Taulukko 10.1. Suorakaiteen muotoisen poikkipinnan korjauskerroin.

h/b	**1**	**1,5**	**2**	**2,5**	**3**	**4**	**5**	**6**
ψ	4,83	4,33	4,07	3,88	3,74	3,55	3,43	3,35
Ψ	7,11	5,11	4,37	4,01	3,80	3,56	3,43	3,35

Taulukon alempaa riviä voidaan käyttää hyväksi laskettaessa poikkipinnan vääntöneliömomenttia (vääntöjäyhyysmomenttia) I_v, jota tarvitaan vääntökulman laskemisessa ja joka saadaan kaavasta:

$$I_v = \frac{h \cdot b^3}{\Psi}$$

Esimerkki 10.1

Kuinka paljon putken (halkaisija 100 mm seinämän keskelle ja seinämän vahvuus 3 mm) vääntökestävyys muuttuu, jos siihen leikataan pituussuuntaan halkeama kuvan 10.1 mukaisesti?

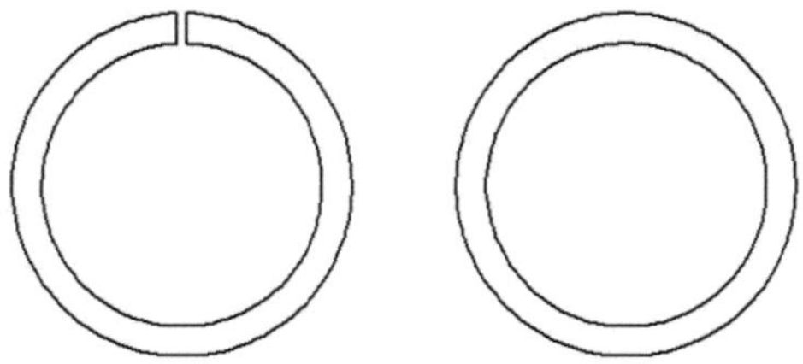

Kuva 10.1. Paljonko putken vääntökestävyys muuttuu, jos se leikataan pituussuuntaan halki?

Ratkaisu:

Lasketaan ensin kummankin poikkipinnan vääntövastukset ja verrataan niitä suhteella, jolloin todetaan, että tässä tapauksessa leikkaamaton poikkipinta kestää vääntöä 50-kertaisesti leikattuun verrattuna.

Pyöreän poikkipinnan vääntövastuksen likiarvo on

$$W_{vp} = 2 \cdot A \cdot s$$

Kun edelliseen sijoitetaan pinta-ala

$$A = \pi \cdot r^2$$

Tulee vääntövastus muotoon

$$W_{vp} = 2 \cdot \pi r^2 \cdot s$$

Auki leikatun poikkipinnan vääntövastus saadaan suorakaiteen vääntövastuksena kaavasta

$$W_{va} = \frac{a \cdot b^2}{3}$$

Johon sijoitetaan

$a = 2 \cdot \pi r$ ja $b = s$

$$W_{va} = \frac{a \cdot b^2}{3} = \frac{2 \cdot \pi \cdot r \cdot s^2}{3}$$

Lasketaan vääntövastusten suhde

$$\frac{W_{vp}}{W_{va}} = \frac{2 \cdot \pi r^2 \cdot s \cdot 3}{2 \cdot \pi \cdot r \cdot s^2} = \frac{3 \cdot r}{s} = \frac{3 \cdot 50\,\text{mm}}{3\,\text{mm}} = 50$$

Vääntökulma

Vääntökulma tarkoittaa kiertymää, joka palkkiin vääntömomentin ansiosta syntyy. Jos vääntömomentti on palkissa vakio ja palkin poikkipinta sama koko palkin pituudella, saadaan vääntökulma kaavasta:

$$\alpha = \frac{M_v \cdot l}{G \cdot I_v}$$

M_v = vääntömomentti

l = palkin pituus

G = materiaalin liukukerroin (teräksellä n. 80000 MPa)

I_v = vääntöjäyhyysmomentti

Tehonsiirtoakselit

Tehonsiirtoakselin tehtävänä on siirtää tietty teho P määrätyllä kierrosnopeudella n laitteesta toiseen. Tehonsiirtoakselin poikkipinta on yleensä pyöreä. Umpinainen akseli on helpompi valmistaa, mutta teho/massa -suhteeltaan parempi on ontto, putkimainen akseli. Tehonsiirtoakselia rasittaa yleensä vääntömomentin lisäksi taivutusmomentti ja tilannetta hankaloittaa myös se, että rasitukset eivät ole yleensä staattisia. Kuitenkin seuraavia yksinkertaistettuja kaavoja voidaan käyttää akseleiden alustavassa mitoituksessa.

Pelkästään vääntökuormitetun akselin halkaisija voidaan määrittää joko sallitun jännityksen tai sallitun vääntökulman mukaisesti. Yleensä käytetyt sallitut jännitykset vaihtelevat välillä 12 - 18 MPa ja sallittu vääntökulma on 0,25 astetta metriä kohden. Alustavan akselin halkaisijan kaava voidaan johtaa seuraavasti.

Tehon ja vääntömomentin välillä on tunnetusti yhteys:

$$P = M_v \cdot 2 \cdot \pi \cdot n \Rightarrow M_v = \frac{P}{2 \cdot \pi \cdot n}$$

Missä *n* on akselin pyörimisnopeus.

Edelleen tiedetään, että

$$\tau_v = \frac{M_v}{W_v} = \frac{\frac{P}{2 \cdot \pi \cdot n}}{0{,}2 \cdot d^3} = \frac{P}{0{,}4 \cdot \pi \cdot n \cdot d^3}$$

mistä

$$d = \sqrt[3]{\frac{P}{0{,}4 \cdot \pi \cdot n \cdot \tau_{sall}}}$$

Jos kriteerinä käytetään sallittua vääntökulmaa, saadaan halkaisija vastaavalla tavalla johdettua, kun tiedetään, että pyöreän poikkipinnan vääntöjäyhyysmomentti on

$$I_v = \frac{\pi \cdot d^4}{32} \approx 0{,}1 \cdot d^4$$

Tästä seuraa, että:

$$\alpha = \frac{M_v \cdot l}{I_v \cdot G} = \frac{M_v \cdot l}{0{,}1 \cdot d^4 \cdot G} = \frac{P \cdot l}{0{,}2 \cdot \pi \cdot n \cdot d^4 \cdot G} \Rightarrow$$

$$d=\sqrt[4]{\frac{P\cdot l}{0{,}2\cdot\pi\cdot n\cdot G\cdot\alpha_{sall}}}$$

Yleensä akselin mitoitus on tarkastettava sekä sallitun jännityksen että sallitun vääntökulman mukaan ja onkin laskettu, että jos akselin halkaisijaksi tulee pienempi kuin 102,8 mm, on mitoituksessa vääntökulma määräävämpi ja taas muutoin sallittu jännitys (Karhunen et al).

Esimerkki 10.2

Laske alustava minimihalkaisija teräsakselille, joka pyörimisnopeuden ollessa 150 kierrosta minuutissa siirtää 75 kW tehon. Sallittu vääntöjännitys on 35 MPa ja vääntökulma saa olla enintään 0,25°/m.

Ratkaisu:

Lasketaan ensin halkaisija sallitun jännityksen mukaan.

$$d=\sqrt[3]{\frac{P}{0{,}4\cdot\pi\cdot n\cdot\tau_{sall}}}=$$

$$\sqrt[3]{\frac{75\cdot10^6\,\text{Nmm/s}}{0{,}4\cdot\pi\cdot2{,}51/\text{s}\cdot35\text{N/mm}^2}}=88\text{ mm}$$

Ja sitten lasketaan halkaisija sallitun vääntökulman mukaan. Sallittu vääntökulma on hyvä muuttaa ensin muotoon radiaaneja millimetriä kohden.

$$d=\sqrt[4]{\frac{P\cdot l}{0{,}2\cdot\pi\cdot n\cdot G\cdot\alpha_{sall}}}$$

$$d=\sqrt[4]{\frac{75\cdot10^6\,\text{Nmm/s}\cdot1\text{ mm}}{0{,}2\cdot\pi\cdot2{,}51/\text{s}\cdot80\ 000\text{N/mm}^2\cdot4{,}36\cdot10^{-6}1/\text{mm}}}$$

$$d=108{,}2\text{ mm}$$

Tehtäviä

10.1 Tee taulukkolaskentaohjelmalla tai jollain muulla käytössäsi olevalla ohjelmointikielellä ohjelma, johon syötetään teho ja pyörimisnopeus ja joka antaa tuloksena akselin halkaisijan. Halkaisija on laskettava sekä sallitun vääntöjännityksen että sallitun vääntökulman mukaan.

10.2 Teräksisen ulokepalkin päässä vaikuttaa 10 kNm vääntömomentti. Laske palkissa vaikuttava suurin vääntöjännitys, kun poikkipinta on suorakaide 50 mm x 100 mm.

10.3 Vertaile yhtä painavien neliö- ja ympyräpoikkipintaisten akseleiden vääntökestävyyttä jännityksen ja muodonmuutoksen kannalta.

10.4 Tehonsiirtoakselisto koostuu sähkömoottorista ja alennushammaspyörävälityksestä. Laske kummankin teräsakselin alustavat halkaisijat sekä sallitun jännityksen että sallitun kiertokulman mukaan. Sähkömoottorin tehon, pyörimisnopeuden ja hammaspyörien hammasluvut saat taulukosta 10.1. Käytä sallittuna jännityksenä 12 MPa ja sallittuna vääntymänä 0,25°/m.

10.5 Tehonsiirtoakseli (S235), jonka halkaisija on 30 mm ja pituus 3 m välittää 630 Nm suuruisen vääntömomentin. Paljonko akseli kiertyy ja kuinka suuri leikkausjännitys siihen syntyy?

10.6 Paljonko edellisen tehtävän akselin kiertymä ja leikkausjännitys ovat, jos akselin keskelle porataan 15 mm:n reikä?

Taulukko 10.1. Tehtävän 10.4 lähtöarvoja.

Tapaus	P (kW)	n (rpm)	Z_1	Z_2
1	8	1200	16	96
2	9	1250	16	98
3	10	1300	16	100
4	11	1350	16	102
5	12	1400	16	104
6	13	1500	16	106

11

Nurjahdus

Eulerin teoria
Sauvan hoikkuuden vaikutus
Sallitun jännityksen menetelmä

Kun muihin mittoihinsa nähden pitkää sauvaa puristetaan kokoon yhä kasvavalla voimalla, sauva nurjahtaa hyvin nopeasti sivulle tietyllä rajavoimalla. Nurjahdus tapahtuu yleensä aikaisemmin kuin sauvassa vaikuttava puristusjännitys yltää sallittuun arvoon ja on siten määräävänä tekijänä useimpien puristuksen alaisten rakenteiden mitoituksessa. Sauvan nurjahdusvoima riippuu tietenkin sauvan mitoista, mutta myös materiaalista ja tuennasta. Helpoimmin nurjahdusvoima saadaan selville käyttämällä ns. Eulerin teoriaa, joka tosin on voimassa vain tiettyjen ehtojen toteutuessa. Myös muita menetelmiä on olemassa, joista voidaan mainita mm. ns. omega-menetelmä ja erilaisissa standardeissa esitettyjä menetelmiä.

Nurjahdus ja tyssäys

Jos pitkää ja hoikkaa sauvaa puristetaan kokoon kasvavalla voimalla, tapahtuu jossain vaiheessa varsin nopea tasapainon menetys sauvan taipuessa voimakkaasti. Tätä ilmiötä nimitetään nurjahdukseksi. On helppo ymmärtää, että sauvan nurjahtamiseen tarvittava voima on yleensä paljon pienempi kuin voima, jolla materiaali saavuttaa puristusmyötörajan.

Jos sauva on pituuteensa nähden paksu, se puristusvoiman kasvaessa tyssääntyy eli menee kasaan ja tällöin nurjahdusilmiötä ei esiinny. On myös olemassa välialue, jossa sauva sekä nurjahtaa että tyssääntyy.

Nurjahdustapausta voidaan esittää kuvan 11.1 mukaisella rakenteella. Siinä nurjahdus on alkanut ja sauvaan on syntynyt siirtymä δ. Tässä tilanteessa pienikin voiman *F* lisäys saa aikaan suuren lisäyksen siirtymään ja johtaa nopeasti sauvan rikkoutumiseen. Toisaalta, jos voimaa kuvan 11.1 tilanteesta pienennetään, sauva palautuu suoraksi. Tällöin voidaan määritellä ns. kriittinen kuormitus *F*, jonka sauva voi vielä kantaa pysyen suorana.

Eulerin teoria

Eulerin mukaan sauvan nurjahdusvoima voidaan laskea kaavalla:

$$F_n = \frac{\pi^2 \cdot EI}{l_n^2}$$

F_n = kriittinen voima, jolla sauva on nurjahtamassa

E = materiaalin kimmokerroin

I = sauvan neliömomentti

l_n = sauvan nurjahduspituus, joka sauvan todellisen pituuden lisäksi riippuu myös tuennasta

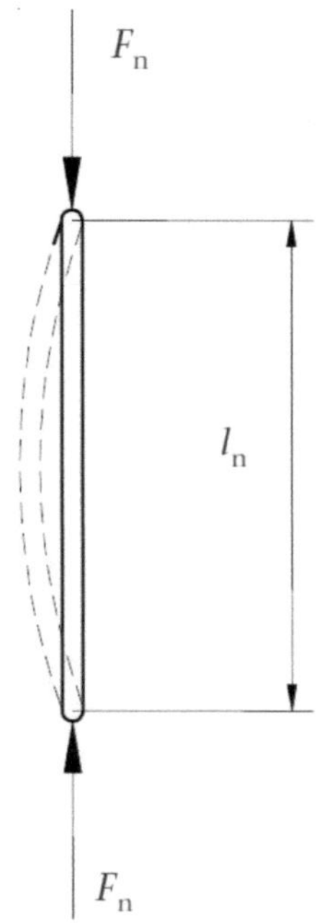

Kuva 11.1. Hoikan sauvan nurjahdus.

Kaava on johdettu useissa alan teoksissa, eikä tässä ole tarpeellista esittää sen johtamista.

Kaava on voimassa vain silloin kun jännitys sauvassa ei nouse yli suhteellisuusrajan, jolloin kimmokerroin ei enää pysy vakiona. Siksi on aina tarkistettava myös sauvan puristusjännitys.

Sauvan nurjahduspituus riippuu sen tuennasta kuvan 11.2 mukaisesti.

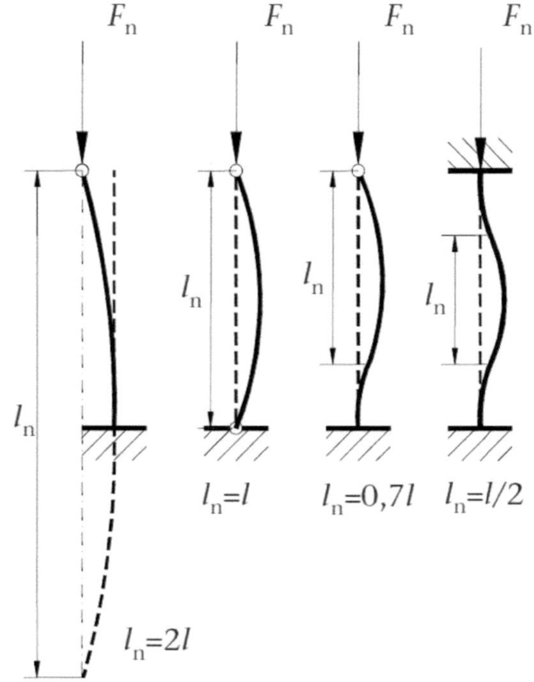

Kuva 11.2. Nurjahduspituudet tuennan mukaan.

Vasemmalla sauva on tuettu alapäästä jäykästi ja yläpäässä ei ole tukea ollenkaan. Toinen sauva vasemmalta lukien on niveltuettu molemmista päistään. Kolmas sauva vasemmalta on tuettu alapäästä jäykästi ja yläpäästä nivelellä ja neljäs sauva kummastakin päästään jäykästi.

Esimerkki 11.1

Rakennus on tuettu putkipalkeista muodostetuilla, 2770 mm korkeilla pilareilla. Kutakin pilaria kohden tulee 50 kN kuormitus. Minkä kokoisista neliön muotoisista putkipalkeista pilarit on vähintään tehtävä, jos materiaali on S355 ja varmuudeksi halutaan 3?

Ratkaisu:

Koska tuennasta ei ole tarkempaa tietoa, oletetaan tapaus 2.

Ratkaistaan tarvittava neliömomentti Eulerin yhtälöstä.

$$F_n = \frac{\pi^2 \cdot EI}{l_n^2} \Rightarrow I = \frac{F_n \cdot l_n^2}{\pi^2 \cdot E}$$

Koska varmuudeksi halutaan 3, kerrotaan todellinen kuormitus sillä, jolloin saadaan kriittiseksi kuormitukseksi 150 kN. Sijoitetaan arvot yhtälöön:

$$I = \frac{F_n \cdot l_n^2}{\pi^2 \cdot E} = \frac{150000\ \text{N} \cdot 2770^2 \text{mm}^2}{\pi^2 \cdot 210000\ \text{N/mm}^2} = 55{,}5 \cdot 10^4 \text{mm}^4$$

Lisäksi on tarkastettava puristusjännityksen kesto. Jotta puristusjännitys ei ylittäisi myötörajaa 235 MPa, on poikkipinnan pinta-alan oltava vähintään:

$$A = \frac{F_n}{R_e} = \frac{150000\ \text{N}}{235\ \text{N/mm}^2} = 638{,}3\ \text{mm}^2$$

Hakukoneella löydetään netistä Rautaruukin putkipalkkitaulukko, josta profiililla 70x70x3, jonka neliömomentti on 577300 mm^4. Sen pinta-ala on 781 mm^2, joka täyttää myös toisen kriteerin.

Sauvan hoikkuuden vaikutus

Eulerin kaavat pätevät vain sauvoille, jotka ovat täysin suoria ja homogeenisia sekä poikkipinnaltaan, että materiaaliominaisuuksiltaan. Hyvin hoikilla sauvoilla voidaan käyttää Eulerin kaavaa. Paksuilla sauvoilla taas vaurioituminen tapahtuu tyssääntymällä, jolloin sallitun jännityksen tarkistaminen riittää. Näiden väliin jää alue, jossa sauvan käyttäytyminen on hankalasti ennustettavissa.

Mikä sitten on hoikka ja mikä paksu sauva? Tämä voidaan selvittää laskemalla sauvan hoikkuusluku λ. Se saadaan kaavasta:

$$\lambda = \frac{l_n}{i}$$

i = sauvan poikkipinnan neliöllinen keskisäde ja saadaan kaavasta:

$$i = \sqrt{\frac{I}{A}}$$

Hoikkuuslukua verrataan materiaalin ominaisuuksista riippuvaan rajahoikkuuslukuun, josta käytetään merkintää λ_{min} ja joka saadaan kaavasta:

$$\lambda_{min} = \sqrt{\frac{\pi^2 \cdot E}{R_s}}$$

R_s = materiaalin suhteellisuusraja

Jos hoikkuusluku on pienempi kuin $\lambda_{min}/2$, sauva tyssääntyy. Jos se taas on suurempi kuin λ_{min}, sauva nurjahtaa Eulerin kaavan mukaisesti. Välialueella sauvan mitoittamiseksi on olemassa useita erilaisia menetelmiä. Nämä menetelmät sopivat myös muille hoikkuusalueille sattuvien sauvojen mitoittamiseen. Seuraavassa taulukossa on esitetty muutamien materiaalien rajahoikkuusluvut:

Taulukko 11.1. Rajahoikkuuslukuja eri materiaaleille

Materiaali	**Rajahoikkuus-luku**
S235	105
S355	85
S460	75
E295	85
Kuusi	80
Mänty	85

Esimerkki 11.2

Laske esimerkin 11.1 pilarin hoikkuusluku ja päättele sen perusteella nurjahdustyyppi.

Ratkaisu:

Lasketaan hoikkuusluku ja verrataan sitä rajahoikkuuslukuun. Hoikkuusluku saadaan kaavalla

$$\lambda = \frac{l_n}{\sqrt{\frac{I}{A}}} = \frac{2770\,\text{mm}}{\sqrt{\frac{577300\,\text{mm}^4}{781\,\text{mm}^2}}} = 101{,}9$$

Koska materiaalin S355 hoikkuusluku on 85, ollaan selvästi Eulerin kaavan vaikutusalueella.

Sallitun jännityksen menetelmä

Lasketaan sauvassa vaikuttava puristusjännitys ja verrataan sitä erillisestä käyrästöstä sauvan hoikkuuden perusteella saatuun sallitun jännityksen arvoon. Jos todellinen jännitys jää alle sallitun, on asia OK. Käyrästöjä löytyy useimmista alan teoksista, eikä tässä yhteydessä ole tarpeellista esittää sellaista.

Toinen sallittuun jännitykseen perustuva menetelmä (omega-menetelmä) käyttää hyväkseen kerrointa ω, jolle etsitään taulukosta sopiva arvo sauvan hoikkuuden mukaan ja jolla sallittu puristusjännitys σ_{psall} jaetaan. Näin saatua jännitystä pidetään sauvan sallittuna jännityksenä nurjahdustapauksessa. Taulukossa 11.2 on annettu ω:n arvoja muutamille tyypillisimmille materiaaleille.

Taulukko 11.2. ω-arvoja muutamille tyypillisille materiaaleille.

	S235	S355	Puu		S235	S355	Puu
σ_{psall} / λ	140 / ω	210 / ω	8,5 / ω	σ_{psall} / λ	140 / ω	210 / ω	8,5 / ω
20	1,04	1,06	1,15	100	1,90	2,53	3,00
30	1,08	1,11	1,25	110	2,11	3,06	3,73
40	1,14	1,19	1,36	120	2,43	3,65	4,55
50	1,21	1,28	1,50	130	2,85	4,28	5,48
60	1,30	1,41	1,67	140	3,31	4,69	6,51
70	1,41	1,58	1,87	150	3,80	5,70	7,65
80	1,55	1,79	2,14	160	4,32	6,48	8,91
90	1,71	2,05	2,50	170	4,88	7,32	10,29

Esimerkki 11.3

Laske esimerkin 11.1 pilarin tarvittava poikkipinta-ala varmuuskerroinmenetelmällä.

Ratkaisu:

Katsotaan taulukosta hoikkuuslukua (102) vastaava varmuuskerroin sekä sallittu puristusjännitys ja määritetään niiden avulla poikkipinta-alan minimi.

Poikkipinta saadaan kaavalla

$$A = \frac{\omega \cdot F}{\sigma_{sall}} = \frac{2{,}58 \cdot 50000\,\mathrm{N}}{210\,\mathrm{MPa}} = 615\,\mathrm{mm}^2$$

Myös tämän laskennan perusteella jo aiemmin valittu 70x70x3 –putkipalkki olisi sopiva, koska sen poikkipinta-ala on suurempi kuin saatu minimiarvo.

Tehtäviä

11.1 400 mm pitkään ja halkaisijaltaan 10 mm:n terästankoon (S355) vaikuttaa 5 kN:n puristusvoima. Mikä on varmuus nurjahduksen suhteen eri laskentamenetelmiä sovellettaessa?

11.2 Männystä tehty 4 m korkea pilari on tuettu alapäästä siten, että tukea voidaan pitää jäykkänä yläpään ollessa ilman tukea ja suunniteltu kannattamaan 45 kN kuormaa. Valitse pilarin neliön muotoisen poikkipinnan mitat varmuuskerroin -menetelmällä.

11.3 Päistään niveltuettuun teräspilariin, jonka poikkipinta on suorakaide, 40 mm x 50 mm, kohdistuu puristuskuorma. Jos materiaalin suhteellisuusraja on 230 MPa ja kimmokerroin 200 GPa, mikä on pilarin pienin pituus, johon vielä voidaan soveltaa Eulerin yhtälöä?

11.4 Laske edellisen tehtävän pilarin nurjahdusvoima Eulerin yhtälöllä, jos sen pituus on 2 m.

11.5 25 mm halkaisijaltaan oleva pyöreäpoikkipintainen teräspilari on tuettu nivelin päistään 16 asteen lämpötilassa. Missä lämpötilassa pilari nurjahtaa? Oleta, että sauvan hoikkuusluku on sama kuin rajahoikkuusluku.

11.6 Pneumatiikkasylinterin männänvarsi on 1,5 m pitkä. Siihen vaikuttaa 9 kN puristava voima. Materiaalin suhteellisuusraja on 275 MPa ja kimmokerroin 200 GPa. Mitoita männänvarren halkaisija, kun varmuudeksi nurjahdukseen nähden halutaan 4.

12

Yhdistetyt jännitykset

Taivutus ja veto

Normaali- ja leikkausjännitykset

Taivutus ja vääntö

Aikaisemmin olemme tutustuneet kaikkiin peruskuormitustapauksiin ja niiden aiheuttamiin rasituksiin silloin, kun kukin niistä vaikuttaa kappaleessa yksinään. Käytännössä usein on kuitenkin niin, että kappaleen tiettyyn pisteeseen vaikuttaa näiden peruskuormitusten jonkinlainen yhdistelmä. Silloin, kun jännitykset ovat samaa tyyppiä ja vaikuttavat samansuuntaisesti, voidaan ne yksinkertaisesti laskea yhteen. Jos ne taas ovat eri tyyppiä tai eri suuntiin vaikuttavia, tarvitaan ns. jännityshypoteeseja, joiden avulla useasta komponentista saadaan yksi arvo, jota voidaan sitten luotettavasti verrata materiaalin lujuusominaisuuksiin.

Yhdistetyt jännitykset

Tähän saakka olemme käsitelleet vain sellaisia tapauksia, joissa rakenteisiin kohdistuu pelkästään yhdenlainen rasitus ja sitä kautta yhdenlainen jännitys kerrallaan. Käytännössä rakenteisiin kohdistuu useita erilaisia rasituksia ja jännityksiä samanaikaisesti. Koska jännitykset ovat vektorisuureita, ne vaikuttavat kappaleen tietyssä pisteessä. Samaan pisteeseen vaikuttavat jännitysvektorit voidaan laskea suoraan yhteen vain jos ne vaikuttavat samalla suoralla. Erityyppisten jännitysten (esim. taivutus- ja leikkausjännitys) yhdistäminen ei onnistu yhteenlaskulla edes silloin kun ne vaikuttavat samaan suuntaan vaan tarvitaan erillisiä yhdistämissääntöjä.

Materiaaliominaisuuksiin vertaaminen osoittautuu usein myös ongelmalliseksi, koska normaalisti lujuusominaisuudet on määritetty vetosauvalla, johon syntyy pelkästään yhdensuuntainen vetojännitys. Tällöin joudutaan kappaleen kriittisessä pisteessä vaikuttava jännitystila muuttamaan ensin yhdensuuntaiseksi vetojännitykseksi, jotta sen vertaaminen lujuusarvoon tulee mahdolliseksi.

Tarkastellaan aluksi tilannetta, joka paineastian vaippaan syntyy sisäisen paineen johdosta. Tässä pääsemme perehtymään kahteen suuntaan vaikuttaviin jännityksiin.

Paineastian jännitykset

Klassinen esimerkki useaan suuntaan vaikuttavista jännityksistä on paineastian vaippaan sisäisen paineen ansiosta muodostuva jännitystila. Vaippa muodostuu usein sylinterimäisestä tai pallon muotoisesta levyrakenteesta. Jos ajatellaan, että astia on sylinterimäinen ja sen seinämän vahvuus on sylinterin säteeseen nähden pieni (niin kuin asia normaalisti onkin), voidaan asiaa ajatella kuvan 12.1 mukaisesti.

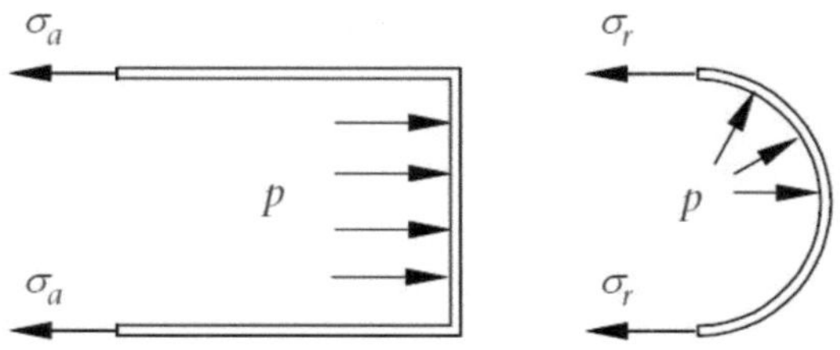

Kuva 12.1. Paineastian jännitykset.

Radiaalisuuntaan on puolikkaaseen paineastiaan vaikuttava paine p tasapainotettava seinämässä vaikuttavan jännityksen avulla, mikä johtaa yhtälöön:

$$\sigma_r = \frac{p \cdot r}{s}$$

missä

σ_r = seinämässä vaikuttava radiaalisuuntainen jännitys

s = seinämänpaksuus

r = sylinterin säde

Vastaavasti aksiaalisuunnassa vaikuttava jännitys saadaan siitä ehdosta, että päätyyn vaikuttava paine on tasapainotettava seinämässä vaikuttavalla jännityksellä. Tästä päästään kaavaan:

$$\sigma_a = \frac{p \cdot r}{2 \cdot s}$$

Kun kahta edellistä yhtälöä verrataan, huomataan, että radiaalisuuntainen jännitys on kaksinkertainen aksiaalisuuntaiseen jännitykseen verrattuna.

Jännitykset muodostavat paineastian vaippaan kuvan 12.2 mukaisesti ns. jännitystilan.

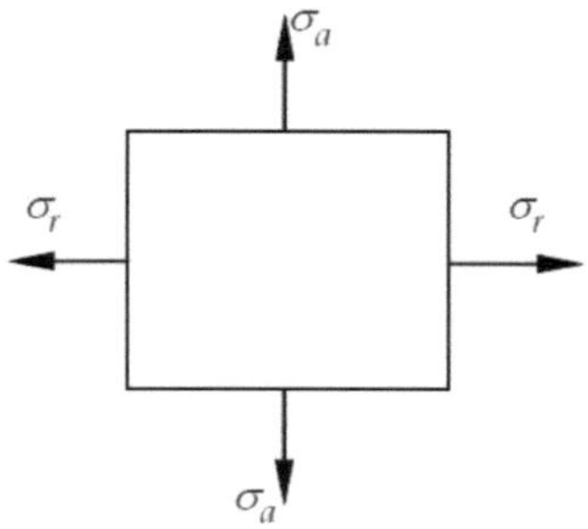

Kuva 12.2. Jännitystila paineastian vaipassa.

Taivutus ja normaalivoima

Koska taivutus ja normaalivoiman aiheuttama veto tai puristus yleensä vaikuttavat samalla suoralla, voidaan arvot tällöin laskea suoraan yhteen ja verrata sen jälkeen sallittuun jännitykseen. On myös muistettava, että taivutus aiheuttaa palkin toiseen reunaan veto- ja toiseen puristusjännityksen, jotka huomioidaan etumerkillä. Yleensä normaalivoiman aiheuttama jännityslisä on niin pieni, että sen huomiointi taivutuksen lisäksi tulee kyseeseen vain silloin, kun halutaan tehdä todella tarkkoja laskutoimituksia.

Esimerkki 12.1

Kuvassa 12.3 on esitetty koneenosa, johon vaikuttaa voima F = 40 kN. Osa on tehty 100 mm paksusta levystä. Laske poikkileikkauksessa *m-n* vaikuttava maksimi ja minimi normaalijännitys ja piirrä jännitysjakauman kuvaaja.

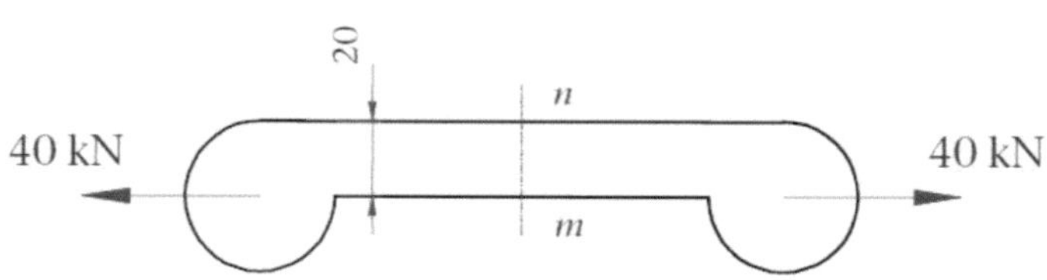

Kuva 12.3. Laske koneenosan merkityn leikkauksen jännitykset.

Ratkaisu:

Kappaleen statiikasta tiedetään, että leikkauksessa *m-n* vaikuttavat taivutusmomentti ja normaalivoima. Taivutusmomentti lasketaan poikkipinnan painopisteen suhteen.

$$M_t = F \cdot \frac{h}{2} = 40000\ \text{N} \cdot \frac{20\ \text{mm}}{2} = 4 \cdot 10^5\ \text{Nmm}$$

Normaalijännitys saadaan suoraan jakamalla voima poikkileikkauksen pinta-alalla. Taivutusjännitys saadaan jakamalla taivutusmomentti poikkipinnan taivutusvastuksella.

$$\sigma = \frac{F}{A} = \frac{F}{b \cdot h} = \frac{40000\ \text{N}}{20\ \text{mm} \cdot 100\ \text{mm}} = 20\ \text{N/mm}^2$$

$$\sigma_t = \frac{M_t}{W} = \frac{4 \cdot 10^5\ \text{Nmm}}{\frac{100\ \text{mm} \cdot 20^2\ \text{mm}^2}{6}} = 60\ \text{N/mm}^2$$

$$\sigma_{\min} = \sigma - \sigma_t = 20\ \text{MPa} - 60\ \text{MPa} = -40\ \text{MPa}$$

$$\sigma_{\max} = \sigma + \sigma_t = 20\ \text{MPa} + 60\ \text{MPa} = 80\ \text{MPa}$$

Jännitysjakauma on esitetty kuvassa 12.4.

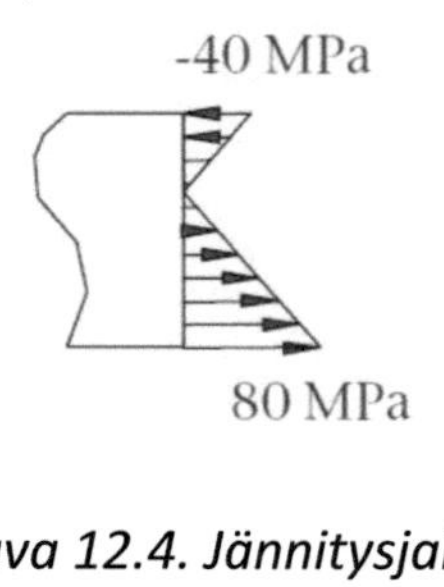

Kuva 12.4. Jännitysjakauma leikkauksessa m-n.

Normaalijännitys ja leikkausjännitys

Normaalijännitys ja leikkausjännitys voidaan yhdistää useilla eri tavoilla. Näitä yhdistämiskaavoja kutsutaan jännityshypoteeseiksi. Sitkeille aineille sopii parhaiten ns. vakiomuodonvääristymisenergiahypoteesi, eli VMVEH, josta ulkomaisessa kirjallisuudessa käytetään nimitystä von Mises. Tasotapauksessa, joita tässä kirjassa pelkästään käsitellään, tapahtuu yhdistäminen kaavalla:

$$\sigma_{yhd} = \sqrt{\sigma_x^2 + \sigma_y^2 - \sigma_x \cdot \sigma_y + 3 \cdot \tau_{xy}^2}$$

Jos tilanteessa esiintyy vain toinen normaalijännityksistä, kuten asian laita on esimerkiksi taivutus- ja leikkausjännitysten tai veto- ja vääntöjännitysten yhdistämistapauksessa, voidaan toinen normaalijännitys (σ_y) asettaa nollaksi.

Esimerkki 12.2

Ohutseinäistä lieriömäistä säiliötä rasittaa sisäpuolinen ylipaine. On laskettava lieriön seinämässä vaikuttava yhdistetty jännitys, kun ylipaine on 5 MPa, lieriön halkaisija 1000 mm ja seinämän paksuus 8 mm.

Ratkaisu:

Kuten aikaisemmin on todettu, lieriön pituusakselin suuntainen jännityskomponentti saadaan, kun tiedetään paineenalainen pinta-ala eli päädyn pinta-ala ja siihen vaikuttava paine.

$$\sigma_a = \frac{p \cdot d}{4 \cdot s} = \frac{5\ \mathrm{N/mm^2} \cdot 1000\ \mathrm{mm}}{4 \cdot 8\ \mathrm{mm}} = 156{,}25\ \mathrm{MPa}$$

Tangentin suuntaisen jännityksen selville saamiseksi on laskettava paineen alainen pinta-ala toiseen suuntaan ja samaan tapaa voiman ja seinämän pinta-alan kautta edelleen jännitykseen.

$$\sigma_r = \frac{p \cdot d}{2 \cdot s} = \frac{5\ \mathrm{N/mm^2} \cdot 1000\ \mathrm{mm}}{2 \cdot 8\ \mathrm{mm}} = 312{,}5\ \mathrm{MPa}$$

Nyt tiedetään kaksi kohtisuoraa jännitystä. Lisäksi tiedetään, että leikkausjännitys on nolla, jolloin voidaan helposti laskea yhdistetty jännitys.

$$\sigma_{yhd} = \sqrt{\sigma_x^2 + \sigma_y^2 - \sigma_x \cdot \sigma_y + 3 \cdot \tau_{xy}^2}$$

$$\sigma_x = \sigma_a,\ \sigma_y = \sigma_r,\ \tau_{xy} = 0 \ \Rightarrow$$

$$\sigma_{yhd} = \sqrt{\sigma_a^2 + \sigma_r^2 - \sigma_a \cdot \sigma_r} =$$

$$= \sqrt{156{,}25^2 + 312{,}5^2 - 156{,}25 \cdot 312{,}5} = 270{,}6 \text{ MPa}$$

Silloin, kun leikkausjännityksellä on suuri osuus todennäköiseen vaurioon, käytetään yleensä ns. maksimileikkausjännityshypoteesia, jonka ulkomainen nimi on Tresca.

Yleisin tapaus on väännön ja taivutuksen yhdistäminen, jolloin kaava tulee muotoon:

$$\sigma_{yhd} = \sqrt{\sigma_t^2 + 4 \cdot \tau_v^2}$$

Yhdistettyä jännitystä voidaan käsitellä normaalijännityksenä ja verrata siten esimerkiksi myötörajan avulla määritettyyn sallittuun jännitykseen. On myös tärkeä muistaa, että yhdistettävät jännityskomponentit on laskettava ennen yhdistämistä samassa poikkipinnan pisteessä, koska jännitysjakaumat muuttuvat poikkipinnan alueella eri tavoin.

Taivutus ja vääntö

Taivutuksen ja väännön yhdistäminen voidaan tehdä myös siten, että yhdistetään momentit ensin yhdeksi momentiksi, jota käsitellään sen jälkeen ikään kuin se olisi taivutusmomentti. Jos tarkasteltavana on pyöreä poikkipinta, momentit voidaan yhdistää kaavalla (Hietikko & Lehtonen):

$$M_{yhd} = \sqrt{M_t^2 + M_v^2}$$

Esimerkki 12.3

Kuvassa 12.5 on esitetty tehonsiirtoakseli, jonka alustavaksi halkaisijaksi on valittu 70 mm ja joka on päistään laakeroitu. Laske akselissa vaikuttava suurin yhdistetty jännitys.

Ratkaisu:

Koska kyseessä on poikkipintaansa nähden varsin pitkä kannatin, ei leikkausvoiman aiheuttamaa jännitystä tarvitse huomioida. Taivutusmomentin lisäksi on laskentaan otettava mukaan vääntömomentti.

Kuvassa 12.6 on esitetty kannattimen vapaakappalekuvio sekä taivutus- ja vääntömomenttikuviot.

Akselin kriittiset kohdat ovat nyt selvästi kummankin hihnapyörän kohdalla, joten lasketaan sekä taivutuksen että väännön aiheuttamat jännitykset näissä kohdin.

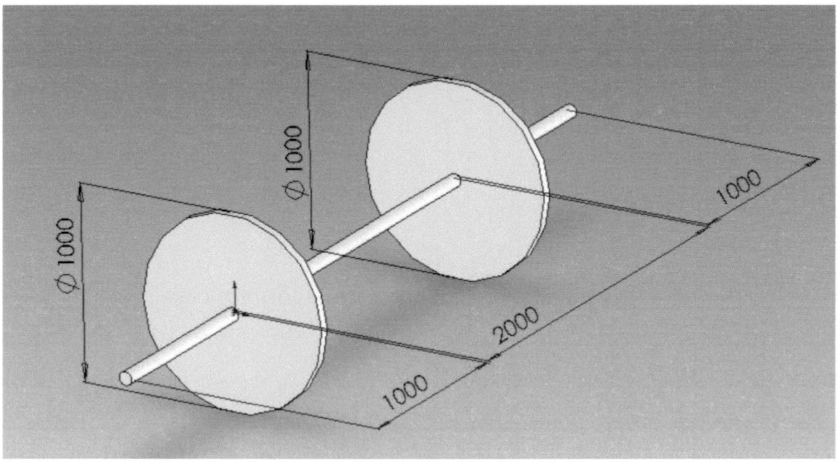

Kuva 12.5. Laske akselin suurin yhdistetty jännitys.

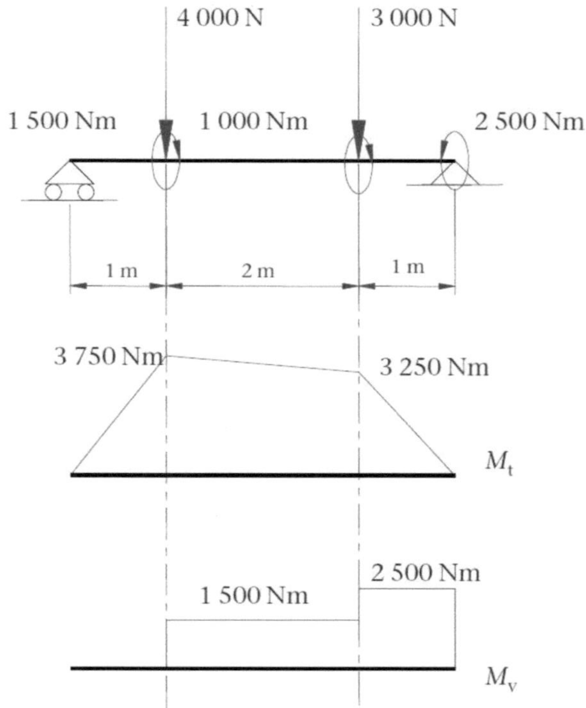

Kuva 12.6. Vapaakappalekuvio sekä taivutus- ja vääntömomenttikuviot.

Vasemmanpuolimmaisen hihnapyörän kohdalla saadaan:

$$\sigma_{ta} = \frac{32 \cdot M_{ta}}{\pi \cdot d^3} = \frac{32 \cdot 3750 \cdot 10^3\,\text{Nmm}}{\pi \cdot 70^3\,\text{mm}^3} = 111{,}3\ \text{MPa}$$

$$\tau_{va} = \frac{16 \cdot M_{va}}{\pi \cdot d^3} = \frac{16 \cdot 1500 \cdot 10^3\,\text{Nmm}}{\pi \cdot 70^3\,\text{mm}^3} = 22{,}3\ \text{MPa}$$

Oikeanpuolimmaisen hihnapyörän kohdalla:

$$\sigma_{tb} = \frac{32 \cdot M_{tb}}{\pi \cdot d^3} = \frac{32 \cdot 3250 \cdot 10^3\,\text{Nmm}}{\pi \cdot 70^3\,\text{mm}^3} = 96{,}5\ \text{MPa}$$

$$\tau_{vb} = \frac{16 \cdot M_{vb}}{\pi \cdot d^3} = \frac{16 \cdot 2500 \cdot 10^3\,\text{Nmm}}{\pi \cdot 70^3\,\text{mm}^3} = 37{,}1\ \text{MPa}$$

Lopuksi lasketaan vielä yhdistetyt jännitykset Von Mises -teoreemalla kummassakin kohdassa.

$$\sigma_{yhda} = \sqrt{\sigma_{ta}^2 + 3 \cdot \tau_{ta}^2} = \sqrt{111{,}3^2 + 3 \cdot 22{,}3^2}\,\mathrm{MPa} = 117{,}8\,\mathrm{MPa}$$

$$\sigma_{yhdb} = \sqrt{\sigma_{tb}^2 + 3 \cdot \tau_{tb}^2} = \sqrt{96{,}5^2 + 3 \cdot 37{,}1^2}\,\mathrm{MPa} = 115{,}9\,\mathrm{MPa}$$

Suurin yhdistetty jännitys on siis 117,8 MPa.

Tehtäviä

12.1 Johda sylinterimäisen paineastian vaipassa vaikuttavan jännitystilan yhtälöt.

12.2 Johda pallomaisen paineastian vaipassa vaikuttavan jännitystilan yhtälöt.

12.3 Kuvassa 12.7 on esitetty ripustuslaite, johon vaikuttaa kaksi pystysuoraa voimaa. Laske suurin palkissa vaikuttava jännitys ja sen paikka, kun palkin poikkipinta on suorakaide 50x100 mm^2 (pidempi sivu pystysuunnassa).

12.4 Kuvassa 12.8 on esitetty ulokepalkki. Laske pisteissä A ja B vaikuttavat jännitykset.

12.5 Voimansiirtoakselin päässä on kitkapyörä kuvien 12.9 ja 12.10 mukaisesti. Laske suurin yhdistetty jännitys, kun tiedetään, että akseli siirtää 10 kW:n tehon ja pyörimisnopeus on 240 kierrosta minuutissa. Kitkapyörän kytkennästä aiheutuva poikittaisvoima on 200 N.

12.6 Akselilla on kaksi hihnapyörää kuvan 12.11. mukaisesti. Mitoita akselin alustava halkaisija, kun materiaalin sallittu jännitys on 60 MPa. Oleta akselin päät vapaasti tuetuiksi.

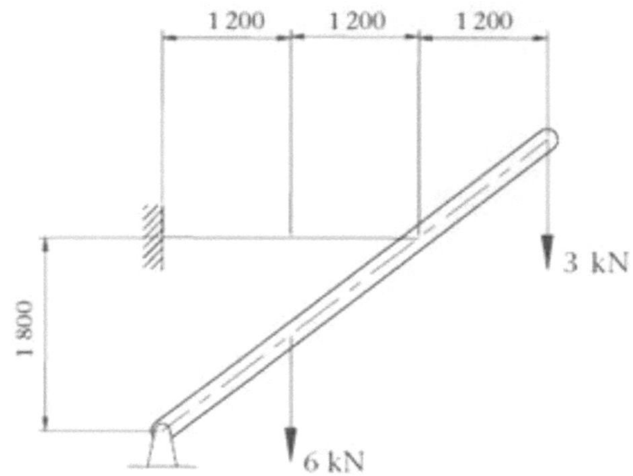

Kuva 12.7. Ripustuslaite.

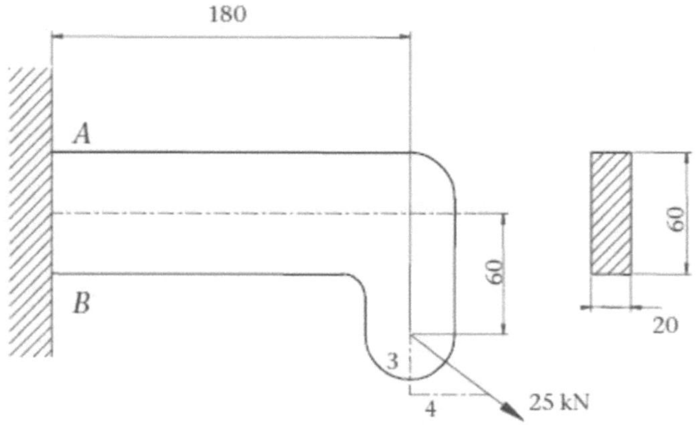

Kuva 12.8. Laske ulokepalkin jännitykset.

Kuva 12.9. Kitkapyörä.

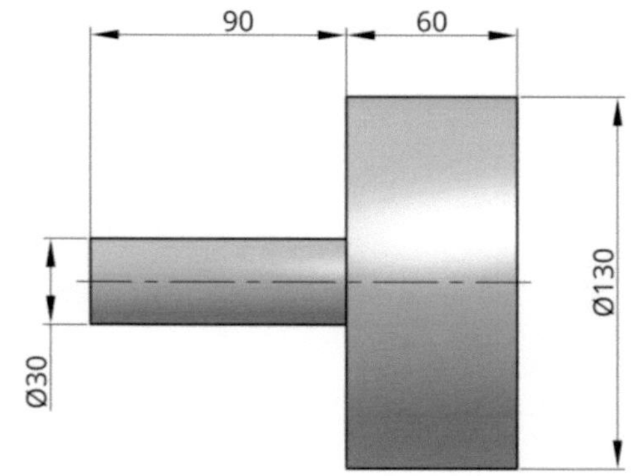

Kuva 12.10. Kitkapyörän mitat.

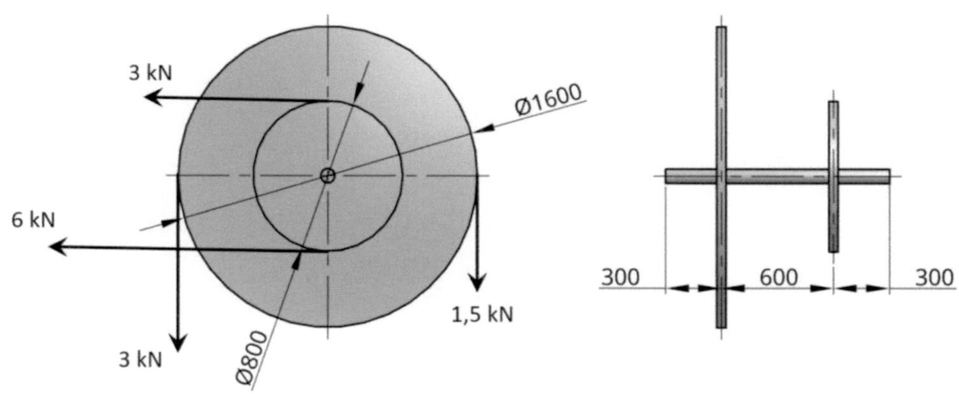

Kuva 12.11. Akselin mitoitus.

13

Jännityshuiput

Käyräakselinen palkki

Loven vaikutus

Jännityshuipuilla tarkoitetaan muutoin tasaisesti jakaantuneessa jännityksessä esiintyviä voimakkaita keskittymiä, jotka erikoisesti väsymisilmiön kanssa esiintyessään on otettava huomioon. Jännityshuiput esiintyvät aina tutkittavan kappaleen jonkinlaisen muodonmuutoksen tai epäjatkuvuuskohdan yhteydessä.

Tällaisia ovat esimerkiksi palkin voimakas käyristyminen, akselin olakkeet ja kiilaurat tai levyssä olevat reiät. Jännityshuiput otetaan huomioon kertomalla kappaleessa vaikuttava keskimääräinen jännitys tietyllä kertoimella, joka riippuu sekä epäjatkuvuuskohdan muodosta että materiaalin ominaisuuksista.

Käyräakselinen palkki

Jos käyräakselista palkkia rasittaa taivutusmomentti, ei jännitys jakaudu palkissa lineaarisesti, vaan se on käyristyksen sisäreunalla suurempi kuin ulkoreunalla. Alla olevassa kuvassa on esitetty FEM-menetelmällä laskettu käyrän palkin jännitysjakauma, josta nähdään, että jännitys on suurin käyrän sisäreunalla (palkin päässä oleva jännityskeskittymä johtuu siihen vaikuttavasta voimasta). Sisäreunan suurempi jännitys lasketaan yleensä kertomalla suoraa palkkia vastaava jännityksen arvo kertoimella α, joka riippuu pyöristyssäteestä.

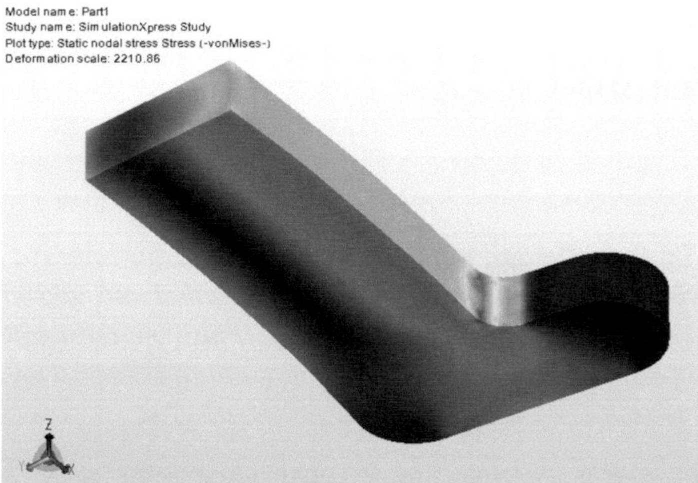

Kuva 13.1. Käyrän palkin jännitysjakaumat.

Kertoimen arvoja löytyy erilaisille poikkipinnoille useista lähteistä. Tässä on esitetty arvot pyöreälle ja suorakaiteen muotoiselle poikkipinnalle. Taulukossa R_o on pyöristyssäde mitattuna palkin neutraaliakselille.

Taulukko 13.1. Käyrän palkin korjauskertoimia.

R_0/h R_0/d	Suorakaide	Ympyrä
0,6	2,9	3,15
0,65	2,4	2,6
0,7	2,1	2,3
0,75	1,95	2,1
0,8	1,8	1,95
0,9	1,64	1,75
1,0	1,52	1,62
1,2	1,4	1,47
1,5	1,3	1,34
2,0	1,2	1,23
3,0	1,13	1,15
4,0	1,1	1,1
5,0	1,08	1,08

Esimerkki 13.1

Laske kuvassa 13.2 esitetyn käyrän palkin suurin taivutusjännitys, kun levyn paksuus on 20 mm.

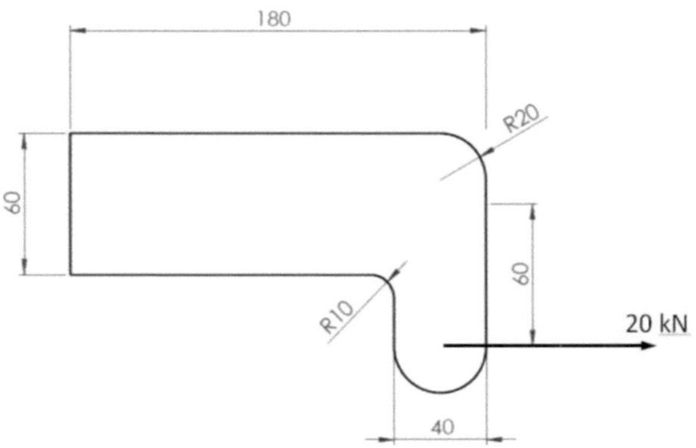

Kuva 13.2. Laske palkissa vaikuttava suurin jännitys.

Ratkaisu:

Suurin jännitys syntyy pyöristyksen sisänurkkaan. Lasketaan ensin siinä kohdassa vaikuttava taivutusmomentti, sen perusteella taivutusjännitys ja lopuksi kerrotaan taivutusjännitys taulukosta 13.1 saatavalla korjauskertoimella.

$$\sigma_t = \frac{M_t}{W} = \frac{6 \cdot 20000\ \mathrm{N} \cdot 60\ \mathrm{mm}}{20 \cdot 60^2\,\mathrm{mm}^3} = 100\ \mathrm{MPa}$$

$$R_0 / h = 10\ \mathrm{mm} / 60\ \mathrm{mm} = 0{,}167$$

Taulukosta 13.1 saadaan korjauskerroin α = 2,4, joten todellinen jännitys on

$$\sigma_{ttod} = \alpha \cdot \sigma_t = 2{,}4 \cdot 100\ \mathrm{MPa} = 240\ \mathrm{MPa}$$

Loven vaikutus

Muun kappaleessa olevan epäjatkuvuuskohdan kohdalla jännitys muuttuu yleensä siten, että se on keskimääräistä suurempi. Myös tässä tapauksessa suurimman jännityksen arvo saadaan selville kertomalla keskimääräinen jännitys ns. loven vaikutusluvulla β.

Loven vaikutusluku puolestaan saadaan selville tutkimalla ensin loven muotoa. Loven muodon perusteella saadaan ensin loven muotoluku α, joka löytyy kirjallisuuden erilaisista käyristä ja taulukoista. Seuraavan taulukon avulla voidaan arvioida kuvan 13.3 mukaisen akselissa olevan olakkeen loven muotolukua.

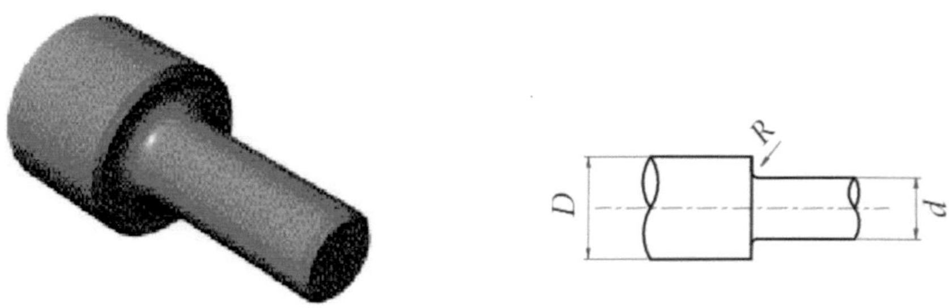

Kuva 13.3. Akselissa oleva olake.

Taulukko 13.2. Loven muotolukuja.

		α	
D/d	***R/d***	**Taivutus**	**Vääntö**
3	0,05	2,3	1,9
	0,10	1,8	1,5
	0,15	1,6	1,4
	0,20	1,4	1,3
1,5	0,05	2,1	1,7
	0,10	1,7	1,4
	0,15	1,5	1,3
	0,20	1,4	1,2
1,1	0,05	1,8	1,3
	0,10	1,6	1,2
	0,15	1,4	1,1
	0,20	1,3	1,1
1,05	0,05	1,8	
	0,10	1,5	
	0,15	1,4	
	0,20	1,3	

Kun tämä on selvitetty, tarvitaan loven muodosta ja materiaalista riippuva vakio, joka on nimeltään loviherkkyysluku. Sitä merkitään kirjaimella η ja sille löytyy myös kirjallisuudesta runsaasti erilaisia arvoja. Tässä yhteydessä on esitetty karkea taulukko, jonka avulla loviherkkyyden arvoja voidaan arvioida, ellei muuta lähdettä ole käytössä.

Taulukko 13.3. Loviherkkyyslukuja.

Materiaali	η
Hiiliteräkset	0,4...0,8
Nuorrutusteräkset	0,65...0,9
Jousiteräkset	0,95...1,0
Ruostumattomat teräkset	0,1...0,4
Kevytmetallit	0,4...0,5

Kun loven muotoluku ja loviherkkyysluku ovat selvillä, saadaan loven vaikutusluku kaavasta

$$\beta = \eta(\alpha - 1) + 1$$

Esimerkki 13.2

Laske kuvassa 13.4 esitetyn akselin suurin taivutusjännitys olakkeen kohdalla, jossa vaikuttavan taivutusmomentin suuruus on 450 Nm. Materiaalina on hiiliteräs.

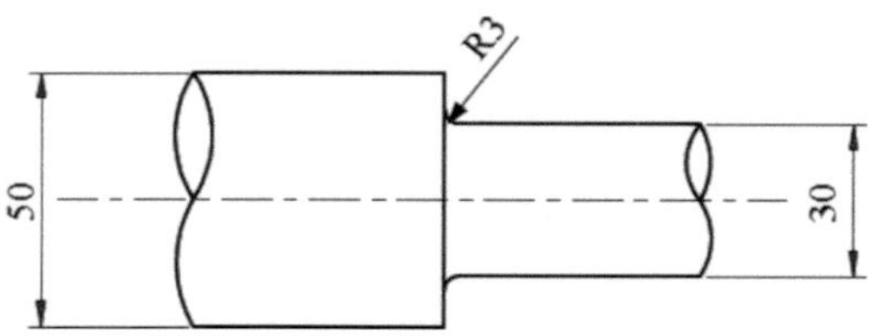

Kuva 13.4. Laske akselin olakkeen kohdalla vaikuttava suurin jännitys.

Ratkaisu:

Lasketaan ensin loven muotoluvun määrittämisessä tarvittavat arvot. Loviherkkyydeksi valitaan 0,6 ja näin saadaan loven vaikutusluku.

$$D/d = 50/30 = 1{,}67\,,\ R/d = 3/30 = 0{,}1 \Rightarrow \alpha = 1{,}7$$
$$\beta = \eta \cdot (\alpha - 1) + 1 = 0{,}6 \cdot (1{,}7 - 1) + 1 = 1{,}42$$

Sitten lasketaan taivutusjännitys, joka kerrotaan loven vaikutusluvulla.

$$\sigma_t = \frac{M_t}{W} = \frac{32 \cdot M_t}{\pi \cdot d^3} = \frac{32 \cdot 450000 \text{ Nmm}}{\pi \cdot 30^3} = 169{,}8 \text{ MPa}$$

$$\sigma_{ttod} = \sigma_t \cdot \beta = 169{,}8 \cdot 1{,}42 \text{ MPa} = 241{,}1 \text{ MPa}$$

Tehtäviä

13.1 Akselissa on olake, jonka halkaisijat ovat 80/100 mm ja pyöristyssäde 5 mm. Mitkä ovat olakkeen lovenvaikutusluvut taivutuksen ja väännön suhteen, jos materiaalina on hiiliteräs?

13.2 Edellisen tehtävän akseli siirtää 250 kW:n tehon pyörimisnopeudella 16 kierrosta sekunnissa. Akseliin kohdistuu lisäksi olakkeen kohdalla vaikuttava 2 kNm taivutusmomentti. Kuinka suuria ovat vääntö- ja taivutusjännitykset olakkeen kohdalla?

14

Väsymislujuus

Väsyttävä kuormitus

Väsymislujuus

Rakenteen mitoittaminen

Väsymisilmiö tarkoittaa tilannetta, jossa kappaleessa vaikuttava jännitys on selvästi myötörajaa alempi mutta ajan mittaan kappale kuitenkin murtuu. Väsymisilmiö esiintyy vain silloin, kun kappaleeseen vaikuttaa vaihteleva rasitus. Jos kappaleessa vaikuttava jännitys jää tietyn rajan alapuolelle, kestää se vaihtelevasta kuormituksesta huolimatta ikuisesti. Väsymisilmiö on vielä nykyäänkin varsinaista selittävää teoriaa vailla ja useissa tapauksissa joudutaan selviytymään kokeellisten tai pitkälle yksinkertaistettujen mallien avulla. Väsyttävissä kuormituksissa rajoitutaan tässä yhteydessä kahteen perusmalliin: vaihtuva ja tykyttävä sinimuotoinen kuormitus ja niistä johdetut yhdistelmät.

Keskeiselle sijalle mitoittamisessa nousevat keskimääräinen jännitys ja jännitysamplitudi. Väsymismurtuma lähtee aina liikkeelle pinnan epäjatkuvuuskohdasta ja siksi erikoista huomiota on kiinnitettävä erilaisiin loviin ja olakkeisiin. Sen lisäksi mitoituksessa vaikuttavat kappaleen koko ja pinnan laatu.

Väsyttävä kuormitus

Kappaleeseen vaikuttavaa kuormitusta sanotaan väsyttäväksi silloin, kun sen suunta (ja suuruus) vaihtelee riittävän monta kertaa. Ellei muuta tietoa ole olemassa, voidaan sana "riittävä" tulkita lukumääräksi 10000. Jos kuormanvaihtojen lukumäärä on koko kappaleen eliniän aikana tätä pienempi, voidaan kuormitusta pitää staattisena. Koneenrakennuksessa on aika harvoja tilanteita, jossa mainittu luku alitetaan. Ajatellaan esimerkiksi pyörivää koneenosaa, jonka pyörimisnopeus on 500 kierrosta minuutissa. Tällöin kuormanvaihtoluku 10000 saavutetaan 20 minuutissa.

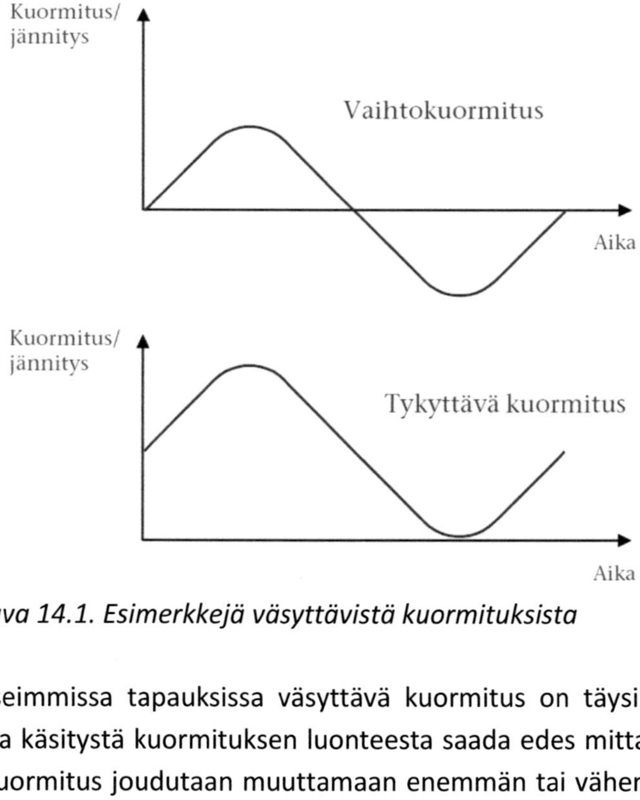

Kuva 14.1. Esimerkkejä väsyttävistä kuormituksista

Useimmissa tapauksissa väsyttävä kuormitus on täysin mielivaltainen, eikä tarkkaa käsitystä kuormituksen luonteesta saada edes mittaamalla. Moni vaihteleva kuormitus joudutaan muuttamaan enemmän tai vähemmän väkivaltaa käyttäen laboratorio-olosuhteita vastaavaksi. Tässä esityksessä tarkastellaan kahta kuormitustyyppiä, jotka ovat vaihtokuormitus ja tykyttävä kuormitus.

Vaihtokuormituksessa kuormitus (tai rasitus) muuttuu siten, että maksimi ja minimiarvot ovat itseisarvoltaan yhtä suuria, mutta eri merkkisiä. Tällöin keskimääräinen kuormitus on nolla. Tykyttävä kuormitus vaihtelee nollan ja maksimiarvon välillä joko positiivisessa tai negatiivisessa suunnassa. Tällöin keskimääräinen jännitys on puolet maksimiarvosta.

Tyypillinen esimerkki vaihtorasituksesta on pyörivä voimansiirtoakseli, johon vaikuttaa paikallaan pysyvä taivutusmomentti. Kun tarkastellaan akselin pinnalla olevaa pistettä, huomataan, että se on vuoron perään akselin vedon ja puristuksen puolella, jolloin siihen generoituu vaihtuva jännitys.

Kappaleessa vaikuttavaan jännitykseen liittyen on tarpeellista jatkoa ajatellen määrittää pari keskeistä arvoa. Nämä ovat keskimääräinen jännitys ja jännitysamplitudi. Jos kappaleessa vaikuttavaa suurinta jännitystä merkitään σ_{max} ja pienintä vastaavasti σ_{min}, saadaan keskijännitys kaavasta $\sigma_m = (\sigma_{max} + \sigma_{min})/2$ ja vastaavasti jännitysamplitudi kaavasta $\sigma_a = (\sigma_{max} - \sigma_{min})/2$.

Väsymislujuus

Väsyttävän kuormituksen alainen kappale kestää sitä pidempään mitä pienempi jännitys siihen vaikuttaa. Kun jännitys on riittävän pieni, kestää kappale äärettömän pitkään vaihtelevaa kuormitusta. Yleensä väsytyskokeista saatavat tulokset esitetään koordinaatistossa, jossa on vaaka-akselilla kuormituskertojen lukumäärä ja pystyakselilla väsyttävän kuormituksen aiheuttama jännitys. Tätä käyrää nimitetään ns. Wöhler-käyräksi ja siitä havaitaan, että kun jännitys laskee riittävän alas, kääntyy käyrä vaakasuoraksi. Tätä vaakasuoraa osaa vastaavaa jännitystä nimitetään materiaalin väsymislujuudeksi ja se kertoo jännityksen, joka kappaleeseen voidaan sallia, jos sen halutaan kestävän ikuisesti. Väsymislujuutta vastaava kuormanvaihtokertojen lukumäärä on yleensä arvojen 10^6 ja 10^7 välillä.

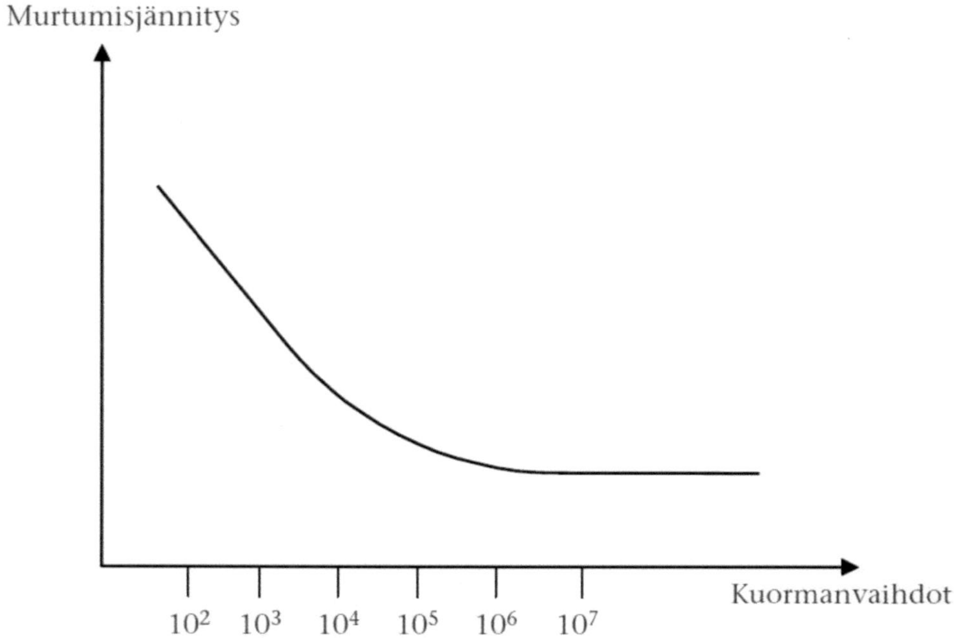

Kuva 14.2. Wöhlerin käyrä.

Koska väsytyskokeiden tekeminen on työlästä, ei kaikille materiaaleille ole olemassa valmiita väsymislujuusarvoja. Tällaisessa tilanteessa joudutaan lujuus arvioimaan ja hyvä nyrkkisääntö arvioinnille on käyttää väsymislujuutena arvoa, joka on puolet materiaalin murtolujuudesta. Käsikirjoissa on esitetty yleisimpien materiaalien väsymislujuusarvoja eri kuormitustapauksille, mutta jos tarvittavaa lujuusarvoa ei käytössä olevasta kirjallisuudesta löydy, voimme tässä tapauksessa turvautua edellä mainittuun nyrkkisääntöön.

Rakenteen mitoittaminen

Rakenteen mitoittaminen väsymislujuuden mukaan tapahtuu usein erilaisten piirrosten avulla. Yleisin näistä lienee ns. Smithin piirros, joka perustuu kokeellisiin mittauksiin. Jos käytössä olevalle materiaalille ei löydy valmiiksi laadittua Smithin piirrosta, joudutaan sellainen tekemään itse.

Käytännössä piirtäminen tapahtuu vaiheittain seuraavasti:

1. Piirretään koordinaatisto, jossa kummallakin akselilla kulkee jännitys
2. Piirretään origosta lähtien suora 45 asteen kulmaan
3. Merkitään pystyakselille materiaalin väsymislujuus (vaihtolujuus) ja myötöraja
4. Piirretään väsymislujuuden kohdalta suora 40 asteen kulmassa myötörajaa vastaavalle vaakaviivalle asti ja jatketaan sitä pitkin 45 asteen viivalle
5. Kun nyt merkitään kappaleessa vaikuttava keskijännitys 45 asteen viivalle ja amplitudi sen molemmin puolin, voidaan nähdä sattuuko jännitysvaihtelu mainitun alueen sisälle.

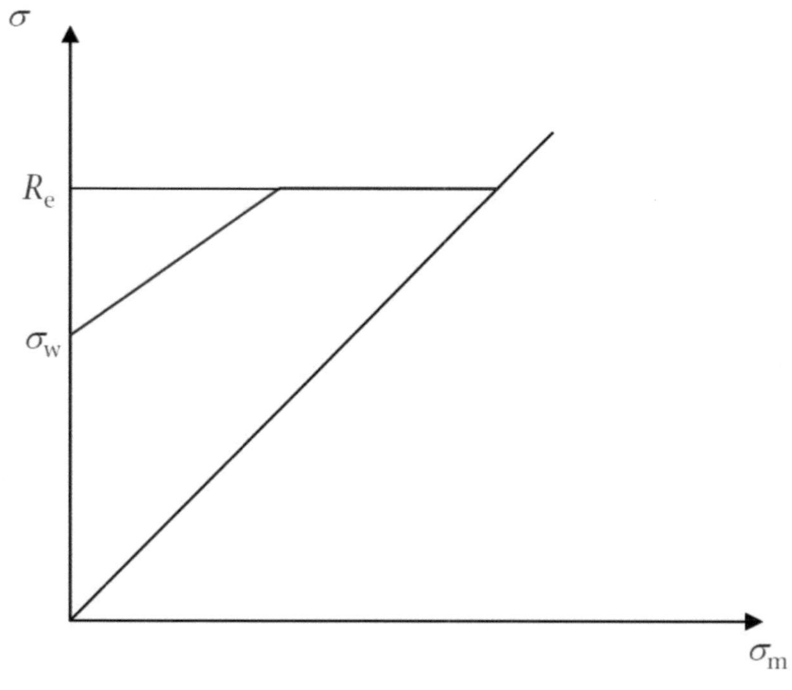

Kuva 14.3. Smithin piirros.

Eri aineiden väsymislujuusarvot on saatu kokeellisesti laboratorio-olosuhteissa ja jotta niitä voitaisiin soveltaa käytäntöön, on tehtävä joitakin korjauksia. Ensinnäkin kappaleen koon on havaittu vaikuttavan materiaalin lujuuteen. Koska lujuusarvojen määrityksessä käytettävän koesauvan halkaisija on 10 mm, joudutaan tätä isompien kappaleiden lujuuksia pienentämään kertoimella, joka riippuu kappaleen koosta. Koon vaikutuslukua merkitään usein kirjaimella *m* ja se saadaan eri lähteissä esitetyistä käyristä. Jos käytettävissä ei juuri nyt ole tällaista lähdettä, voidaan koon vaikutusta arvioida karkeasti seuraavan taulukon avulla.

Taulukko 14.1. Koonvaikutuslukuja.

Pienin dimensio tarkastelukohdassa	**Koon vaikutus m**
10 mm	1,0
20 mm	0,96
30 mm	0,91
40 mm	0,87
50 mm	0,83
60 mm	0,80
70 mm	0,79
80 mm	0,78
90 mm	0,77
100 mm	0,75
110 mm	0,74
120 mm	0,73

Toinen merkittävä tekijä on kappaleen pinnan vaikutus. Pinnan on todettu vaikuttavan lujuuteen sitä enemmän mitä karkeampi ja epätasaisempi se on. Myös pinnanlaadun vaikutuksesta on olemassa monenlaisia käyriä, mutta jos sellaista ei juuri nyt ole saatavilla, voidaan vaikutusta arvioida seuraavan taulukon avulla. Pinnan vaikutusta merkitään usein kirjaimella κ.

Taulukko 14.2. Pinnanvaikutusluvun arvoja.

Murtolujuus MPa	Hieno-kiil-lotettu	Kiil-lotettu	Hieno-hiottu	Hiottu	Koneistettu	Valettu tai taottu
200	1,00	0,99	0,98	0,93	0,94	0,80
300	1,00	0,99	0,97	0,93	0,91	0,75
400	1,00	0,99	0,97	0,92	0,88	0,70
500	1,00	0,98	0,96	0,92	0,86	0,65
600	1,00	0,98	0,96	0,91	0,84	0,60
700	1,00	0,98	0,95	0,91	0,82	0,55
800	1,00	0,97	0,95	0,90	0,80	0,50
900	1,00	0,97	0,94	0,90	0,78	
1000	1,00	0,97	0,94	0,89	0,76	
1100	1,00	0,96	0,93	0,89	0,74	
1200	1,00	0,96	0,93	0,88	0,72	

Koon ja pinnan vaikutus kappaleen lujuuteen otetaan huomioon kertomalla materiaalin väsymislujuus näillä kertoimilla. Tämä on tehtävä ennen Smithin piirroksen tekemistä, koska mainitut arvot kaventavat aluetta, jolle kappaleessa vaikuttavan jännityksen on satuttava.

Varmuusmarginaalin määrittäminen ei ole aivan yhtä yksioikoista väsymislujuuden yhteydessä kuin muiden tapausten yhteydessä. Jos kyseessä on puhdas vaihtojännitys (keskijännitys on nolla) voidaan tätä verrata suoraan materiaalin vaihtolujuuteen. Sen sijaan keskijännityskomponentin esiintyminen hankaloittaa tilannetta. Tällöin on pohdittava, kuinka kuormitus mahdollisen ylikuormituksen sattuessa käyttäytyy. Kuvassa alla on esitetty eri vaihtoehtojen varmuuskertoimen määrittäminen.

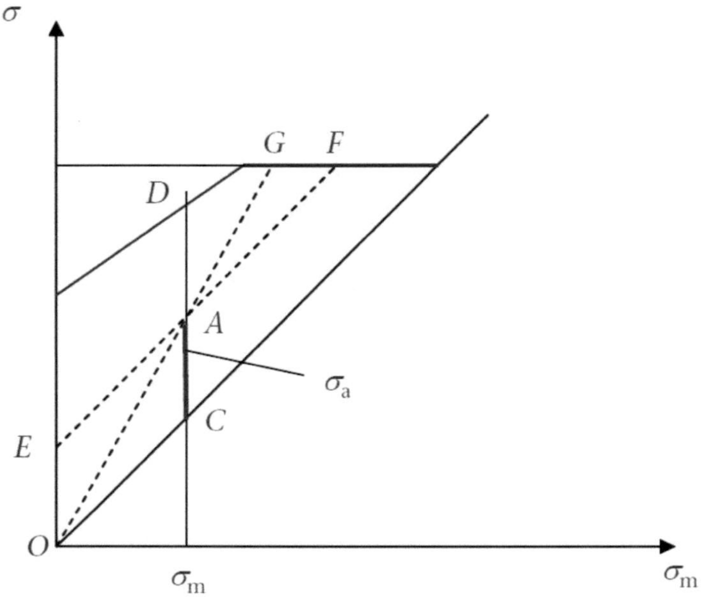

Kuva 14.4. Varmuuskertoimen määrittäminen Smithin piirroksesta.

Jos mahdollisen ylikuormituksen sattuessa keskijännitys pysyy samana ja ainoastaan amplitudi kasvaa, saadaan varmuuskerroin mittaamalla etäisyydet pisteiden *C* ja *D* ja vastaavasti pisteiden *C* ja *A* välillä, koska amplitudi saa kasvaa enintään pisteen *D* kohdalle. Tällöin varmuuskerroin saadaan näiden etäisyyksien suhteena *CD/CA*.

Jos taas ylikuormituksessa vain keskijännitys kasvaa, saadaan varmuuskerroin mittaamalla etäisyydet *EF* ja *EA* ja laskemalla suhde *EF/EA*.

Yleisin tapaus on, että sekä keskijännitys että amplitudi kasvavat, jolloin varmuus saadaan suhteena *OG/OA*.

Tehtäviä

14.1 Akselissa on olake, jonka eri puolilla akselin halkaisijat ovat 100 mm ja 85 mm. Olakkeen pyöristyssäde on 5 mm. Akseli välittää 100 kW:n tehon pyörimisnopeudella 750 kierrosta minuutissa. Kuinka suuri on akselissa vaikuttava jännitys jos loven vaikutusta ei oteta huomioon? Entä kuinka paljon loven vaikutus kasvattaa jännitystä?

14.2 Laske edellisen tehtävän akselin varmuus. Laske lisäksi varmuus, jos siihen vääntömomentin lisäksi vaikuttaa vakio taivutusmomentti 120 Nm.

15

Elementtimenetelmä FEM

FEM-laskenta

Analyysin kulku

FEM (Finite Element Method tai Finite Element Modeling, suomeksi Elementtimenetelmä) on ollut käytössä jo siitä saakka kun tietokoneilla kyettiin laskemaan vähänkin suurempia tehtäviä. Tässä yhteydessä ei ole tarpeen käsitellä menetelmän teoreettisia periaatteita, mutta on hyvä tietää, että voidakseen käyttää menetelmää luotettavasti on jokaisen ymmärrettävä siihen liittyvät teoreettiset näkökohdat.

FEM-laskenta

Tietokoneiden laskentakapasiteettien kasvaessa on viime aikoina yhä yleisemmäksi analysointivälineeksi tullut elementtimenetelmä eli FEM (Finite Element Method). Menetelmä on riittävän yleinen, jotta sillä voidaan mallintaa lähes millainen kappale tai kokonaisuus, materiaaliominaisuus tai kuormitus tahansa. Menetelmän avulla voidaan tuottaa liki-määräisratkaisuja lähes mistä tahansa insinööritieteiden alueelta aina jännitysten laskennasta lämpötilan jakaumiin.

Kuusikymmenluvun puoliväliin saakka jännitysten analysointi monimutkaisissa rakenteissa oli käytännössä mahdotonta lukuun ottamatta joitakin ristikko- tai kehärakenteita. Jännitykset ja muodonmuutokset etsittiin lähinnä kokeellisin menetelmin. Sen jälkeen FEM on muuttanut tilanteen niin, että nykyään on vastaavasti kokeellinen analyysi varsin harvinaista.

FEM-menetelmässä rakenne kuvataan pienemmillä osilla eli elementeillä, jotka on kytketty toisiinsa solmupisteissä. Elementtien muoto on yleensä sidottu, mutta yhdistelemällä niitä runsaasti ja tihentämällä ja harventamalla niiden verkkoa tarpeen mukaan voidaan mallintaa lähes millaisia osia tahansa.

FEM-mallia voidaan kuvitella jousien muodostamaksi systeemiksi. Kun siihen vaikuttaa ulkoinen kuorma, systeemin kaikki elementit (jouset) muuttavat muotoaan kunnes systeemi on jälleen tasapainossa. Rakenteen jokaista elementtiä kohden voidaan kirjoittaa tasapainoyhtälöt, jotka yhdistetään yhteensopivuusehtojen avulla solmupisteissä.

Solmupisteiden koordinaattien ja materiaalin ominaisuuksien avulla muodostetaan jäykkyysmatriisi, joka edelleen yhdistetään kuormitukseen ja näin saadaan selville kunkin solmupisteen siirtymä. Solmupistesiirtymien avulla voidaan laskea kappaleessa vaikuttavat jännitykset. Koska systeemi yleensä edellyttää kymmenien, satojen jopa tuhansien yhtälöiden yhtälöryhmän ratkaisemista, on tietokoneen käyttö ehdoton edellytys.

FEM oli alunperin tarkoitettu lineaaristen jännitysten ja muodonmuutosten laskentaan, mutta pian huomattiin, että samat periaatteet sopivat erinomaisesti myös mm. värähtelymekaniikkaan, akustiikkaan, nesteiden dynamiikkaan ja lämmönjohtumisen ongelmiin.

Elementtimenetelmässä rakenne jaetaan elementteihin, joista kuvassa 15.1 on esimerkki. Tässä tapauksessa elementti on yksinkertainen särmiöelementti. Elementit liittyvät toisiinsa nurkkapisteistään, joita kutsutaan solmupisteiksi. Tehtävä ratkaistaan laskemalla jännityksen ja venymän perusyhtälöiden avulla kunkin elementin siirtymät voimasysteemissä, joka välittyy naapurielementtien kautta.

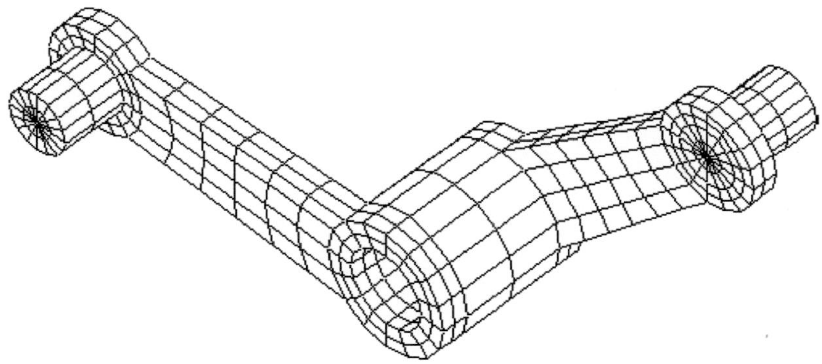

Kuva 15.1. Esimerkki elementtimallista.

Ongelmaa hankaloittaa se tosiasia, että kuhunkin solmupisteeseen vaikuttava voima riippuu kaikkien muiden solmupisteiden voimista. Elementit toimivat ikään kuin yksittäiset jouset useampien jousien muodostamassa systeemissä ja muuttavat muotoaan kunnes systeemi on tasapainossa. Tämä johtaa monimutkaiseen yhtälöryhmään, jonka ratkaisemiseen tarvitaan matriisilaskentaa.

Analyysin kulku

Analyysin kulku voidaan kuvata vaiheittain seuraavalla tavalla:

1. rakenteen idealisointi analyysiä varten
2. elementtiverkon muodostaminen
3. reunaehtojen muodostaminen
4. kuormitusten muodostaminen

5. laskenta
6. tulosten tulkinta ja tarkastelu

Rakenteen idealisointi on syytä suorittaa huolellisesti, sillä sen avulla voidaan usein rajoittaa analyysin vaatimaa laskentakapasiteettia ja aikaa huomattavasti. Käytännössä tämä tarkoittaa sitä, että rakenteesta etsitään symmetriatasoja ja yksinkertaistetaan sellaisia yksityiskohtia, joiden mallintaminen olisi työlästä, mutta joiden tuloksilla ei kuitenkaan olisi analyysin kannalta suurta merkitystä. Samalla on myös kuormitukset saatava sellaiseen muotoon, että niiden koodaus laskentaohjelman ymmärtämään muotoon onnistuu.

Elementtiverkon muodostamista varten on ensin valittava sopiva elementtityyppi ja pohdittava millä tavalla rakenne jaetaan elementteihin. Yleensä analyysin tulokset saadaan vain kunkin elementin keskipisteessä tai korkeintaan muutamassa pisteessä elementin alueella. Siksi on syytä tihentää elementtiverkkoa niissä kohdin, missä analyysin tulokset halutaan mahdollisimman tarkkoina. Myös kohdat, joissa on odotettavissa suuria muutoksia tarkasteltavassa suureessa, on syytä varustaa tavallista tiheämmällä elementtiverkolla.

Elementtiverkko muodostetaan nykyisin yhä useammin automaattisesti joko suoraan CAD-ohjelmassa tai ns. esikäsittelijällä. Esikäsittelijää varten rakenteen idealisoitu geometria on kuvattava aluksi viivojen, pintojen ja tilavuusalkioiden avulla tai siirrettävä halutussa muodossa CAD-järjestelmästä. Elementtiverkon jako ja tiheys voidaan määrittää tiettyjen piirteiden avulla ja varsinaisesta verkotuksesta huolehtii itse ohjelma.

Reunaehdot muodostetaan rakenteen tuennan mukaan. Kappale on aina tuettava jollain tavalla, jotta se ei lähtisi liikkumaan. Tukilaitteet on kuvattava myös elementtimallissa reunaehdoilla, jotka kuvaavat mahdollisimman hyvin todellisia tuentoja. Tämä tapahtuu siten, että tukilaitteiden kohdalla oleville solmupisteille määritetään kiinnityksiä, jotka estävät ko. solmupisteen siirtymän tiettyyn suuntaan. Esimerkiksi palkin päässä oleva niveltuki kiinnittää rakenteen siirtymät, mutta ei kiertymiä, joten tuen kohdalla olevasta solmupisteestä on kiinnitettävä siirtymät.

Rakenteen idealisoinnissa pyritään hyödyntämään mahdollisuuksien mukaan symmetriaa. Symmetriatasolla voidaan rajoittaa rakenteen analysointi ainoastaan toiseen puoliskoon tai muunlaiseen osakokonaisuuteen, jolloin säästetään huomattavasti työtä ja laskenta-aikaa. Symmetria takaa sen, että symmetriatason toiselle puolelle jäävä rakenteen osa toimii täsmälleen samalla tavalla kuin analysoitu rakenne. Symmetria otetaan huomioon rakenteen elementtimallissa reunaehtojen avulla siten, että symmetriatasoa vastaan kohtisuora siirtymä ja mahdollinen symmetria-akselin suuntainen kiertymä kiinnitetään.

Väärät tai puutteelliset reunaehdot ovat useimmiten syynä FEM-laskennalla saatuihin virheellisiin tuloksiin. Sen vuoksi niiden määritykseen onkin kiinnitettävä erityisen suurta huomiota. Jo pienikin poikkeama todellisista reunaehdoista saattaa saada aikaan hyvin radikaaleja muutoksia tuloksissa.

Kuormitukset muodostavat toisen suuren ongelman rakenteen mallintamisessa. Tosin ongelma ei tule esiin pelkästään elementtimenetelmää käytettäessä vaan muulloinkin lujuuslaskennan yhteydessä. Kuten jo aikaisemminkin on todettu, kuormitukset ovat usein varsin epämääräisiä ja hankalasti mitattavia. Tämä johtaa siihen, että kuormitusten arvioinnissa joudutaan käyttämään suurta haarukkaa ja runsaasti heuristista tietoa. Usein ne ovat myös niin monimutkaisia, että ilman suurimittaisia yksinkertaistuksia niiden määrittely ei onnistu.

Elementtimalliin kuormitukset voidaan yleensä syöttää piste-, viiva- tai pintakuormina joko solmupisteisiin tai elementeille. Esikäsittelijällä voidaan määrittää kuormituksia myös laajemmille kokonaisuuksille, kuten viivoille tai pinnoille. Myös tilavuus- ja lämpökuormien vaikutukset voidaan ottaa analyysiin mukaan. Tyypillisiä tilavuuskuormia ovat oma paino tai erilaisista kiihtyvyyksistä johtuvat kuormat.

Materiaalin elastiset ominaisuudet ja elementtien ominaisuudet (esimerkiksi palkkien poikkipintasuureet) on kerrottava analyysiohjelmalle ennen varsinaista laskentaa. Elementeille on tyypistä riippuen määritettävä yleensä ainakin kimmokertoimen ja Poissonin vakion arvot. Lisäksi saatetaan tarvita esimerkiksi palkin poikkipintasuureita, levyn paksuutta tai komposiittirakenteen eri osien paksuuksia.

Analyysi tapahtuu mallin määrittelyn jälkeen. Analyysilaskenta saattaa mallin koosta riippuen kestää muutamista sekunneista tunteihin. Jo tavallisella mikrotietokoneella kyetään nykyisin analysoimaan hyvinkin mutkikkaita ja isoja malleja. Yleensä rajat asettaa koneen levytila, sillä varsinkin kolmiulotteisia elementtejä sisältävien rakenteiden analysointi vaatii paljon levytilaa.

Analyysi on tavallisesti luonteeltaan staattinen ja lineaarinen, mikä tarkoittaa sitä, että jännitysten on pysyttävä materiaalin suhteellisuusrajan alapuolella. Tällöin kimmokerroin pysyy vakiona ja kuormitukset ovat lepääviä (staattisia).

Yhä useammin suoritetaan nykyisin myös epälineaarisia analysointeja. Silloin siirrytään alueelle, jossa kimmokerroin tai jokin muu osa mallista ei enää käyttäydy lineaarisesti. Mahdollisia ovat myös dynaamiset analyysit, joissa voidaan tarkastella vaihtelevien kuormien vaikutusta joko väsymislujuuteen tai rakenteen värähtelyihin. Rakenteen stabiilisuutta voidaan analysoida samoin kuin lämpötila- ym. kenttien jakautumista rakenteessa.

Tulosten tarkastelu tapahtuu analyysin jälkeen ns. jälkikäsittelijällä. Yleisimmin kiinnitetään huomiota rakenteen muodonmuutoksiin ja jännityksiin. Muodonmuutokset esitetään yleensä solmupistesiirtymien avulla. Niistä voidaan erottaa siirtymät ja kiertymät eri akseleiden suuntaan. Jännitykset esitetään nykyisin yleensä joko väripintoina tai korkeuskäyrinä. Analyysissä jännitykset lasketaan joko solmupisteissä tai elementin alueella olevissa pisteissä. Tulosten tarkastelua varten jännitykset kuitenkin tasoitetaan koko rakenteen alueelle kokonaiskuvan saamiseksi.

FEM-laskennan tultua viimeisten vuosien mittaan lähes kaikkien ulottuville, on syytä painottaa sitä tosiasiaa, että vaikka sen avulla on hyvin helppo suorittaa lujuusanalyysi, on sillä myös hyvin helppo tehdä virheitä. Pienetkin virheet laaduissa tai reunaehdoissa voivat johtaa siihen, että analyysin tulokset ovat aivan väärät. Sen vuoksi FEM-laskennan antamat tulokset on aina pyrittävä varmistamaan jollain muulla menetelmällä.

16

Palkki- ja ristikkorakenteet

ANALYSIS 3D

Valikot

Kaksitukinen palkki

Ristikko

Palkki- ja ristikkorakenteiden laskenta elementtimenetelmällä on ollut arkipäivää jo 60- ja 70-luvuilta lähtien. Yksinkertaisuutensa vuoksi näitä rakenteita varten tarkoitetut ohjelmistot toimivat riittävän hyvin pienemmälläkin teholla varustetuissa tietokoneissa.

Palkki- ja ristikkorakenteiden laskentaa varten tarkoitettuja ohjelmistoja on olemassa varsin paljon. Internetistä löytyy myös useampia ilmaisohjelmistoja, joista yksi on nimeltään ANALYSIS 3D. Seuraavassa käydään lyhyesti läpi ohjelmiston ominaisuudet lyhyesti parin esimerkin valossa.

ANALYSIS 3D

ANALYSIS 3D on elementtimenetelmään perustuva ohjelmisto, jolla voidaan ratkaista kaksi- ja kolmiulotteisten ristikko- ja kehärakenteiden rasitukset, siirtymät ja jännitykset. Ohjelma sisältää myös nurjahduksen käsittelyyn tarkoitetut osiot. Ohjelma laskee vain staattisia lineaarisia ja elastisia tapauksia.

Ohjelman ilmaisen kokeiluversion voi ladata netistä.

Rakenteen malli muodostetaan aina samalla tavalla seuraavassa järjestyksessä:

1. Valitaan analyysityyppi, joka voi olla:
   - kaksiulotteinen ristikko
   - kolmiulotteinen ristikko
   - kaksiulotteinen kehä
   - kolmiulotteinen kehä

2. Määritetään solmupisteet. Solmupiste on sijoitettava jokaiseen sellaiseen kohtaan, jossa
   - on ristikon tai kehän nivel tai nurkkapiste
   - on tukipiste
   - tasainen kuorma alkaa tai päättyy
   - palkin tai sauvan poikkipinta muuttuu
   - palkin tai sauvan materiaali muuttuu

3. Määritetään elementit eli solmupisteiden väliset alkiot, jotka kuvaavat rakenteen palkkeja tai sauvoja.
4. Määritetään tukipisteet merkitsemällä tukisolmuista tietyt liikesuunnat kiinnitetyiksi.
5. Määritetään solmupistekuormat antamalla kuhunkin kuormitettuun solmupisteeseen liittyvät pistevoima- ja pistemomenttitiedot.
6. Määritetään elementtikuormat antamalla kuhunkin elementtiin liittyvät pistevoimat tai -momentit ja/tai jakautuneet voimat ja momentit.
7. Määritetään kuormituksiin mahdollisesti liittyvät yhdistelmät.
8. Päätetään otetaanko laskentaan mukaan rakenteen oma paino.
9. Määritetään rakenteen palkkien ja/tai sauvojen poikkipintasuureet:

- Ax - poikkipinnan ala (cm^2)
- Ix - poikkipinnan neliömomentti x-akselin suhteen (cm^4)
- Iy - poikkipinnan neliömomentti y-akselin suhteen(cm^4)
- It - vääntöneliömomentti (cm^4)
- ex - reunaetäisyys x-akselista (cm)
- ey - reunaetäisyys y-akselista (cm)
- et - suurin reunaetäisyys (cm)
- M - palkin massa metriä kohden (kg/m).

10. Määritetään käytettävät materiaalit ja niihin liittyvät materiaaliominaisuudet:

- E - materiaalin kimmokerroin (kN/ cm^2)
- G - materiaalin liukukerroin (kN/ cm^2)
- Re - materiaalin sallittu jännitys (MPa)

11. Valitaan käytetäänkö eurooppalaisia vai amerikkalaisia yksiköitä. Eurooppalaisia yksiköitä käytettäessä annetaan:

- solmupisteiden koordinaatit metreinä (m)
- voimat kilonewtoneina (kN)
- momentit kilonewtonmetreinä (kNm)
- jakautuneet voimat kilonewtoneina metriä kohti (kN/m)
- solmupisteiden siirtymät milleinä (mm)
- jännitykset megapascaleina (MPa, N/mm^2)

Kaksitukinen palkki

Rakennetietojen syöttö

Lasketaan kuvassa 16.2 esitetty rakenne. Tässä tapauksessa solmupisteet on sijoitettava ainakin palkin päihin ja tukien kohdalle. Lisäksi voidaan sijoittaa solmupistevoiman vaikutuskohtaan, jolloin sen siirtymä saadaan selville suoraan. Ohjelman käynnistyksessä esiin tulee ensin valikko, jossa määitetään käytettävät yksiköt (kuva 16.1). Valitaan siis ANALYSIS 3D -ohjelman valikoista ensin **File > New** ja sen jälkeen tarkistetaan, että **Structure** - valikossa on valittuna **2-Dimensional** ja **Frame**.

Sen jälkeen syötetään solmupisteet valitsemalla **Structure > Joints**. Syötetään solmupisteiden koordinaatit valintaikkunassa kuvan 16.3 mukaisesti.

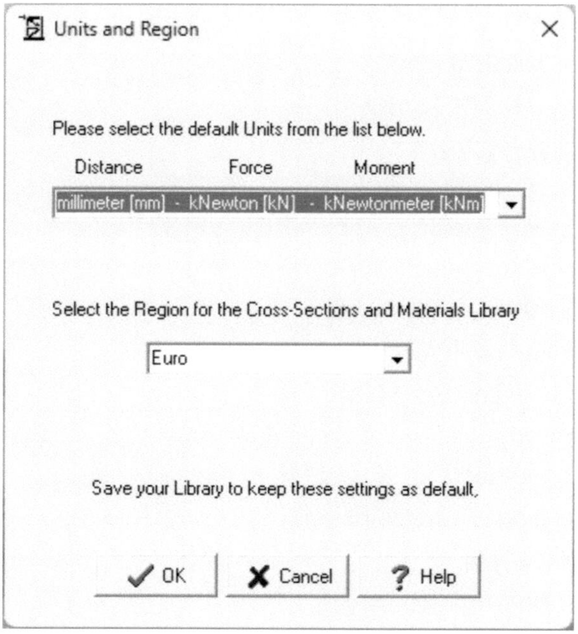

Kuva 16.1. Yksiköiden valinta.

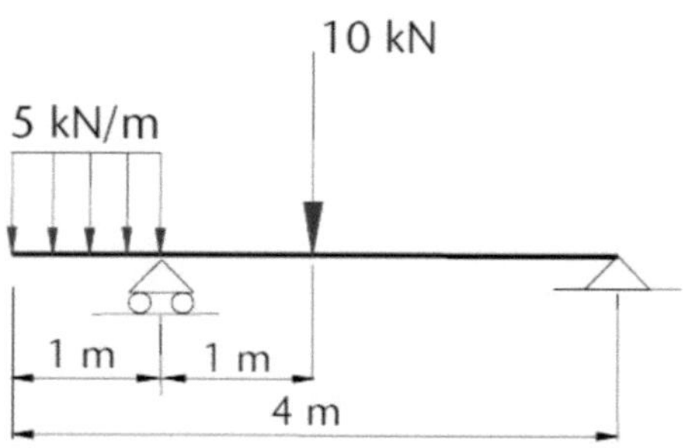

Kuva 16.2. Esimerkkitapaus.

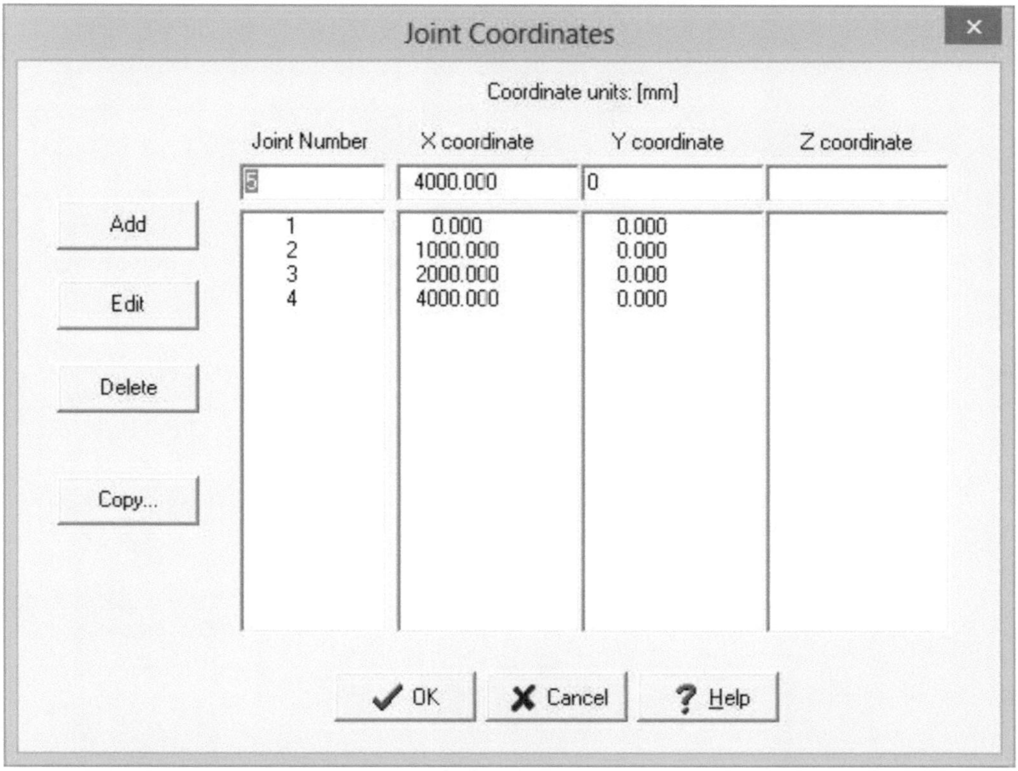

Kuva 16.3. Solmupisteiden koordinaatit.

Seuraavaksi syötetään elementtitiedot valitsemalla **Structure > Members**. Ensimmäinen elementti kulkee solmusta 1 solmuun 2, jolloin esiin tulevaan valintaikkunaan on näiden lisäksi määrättävä materiaali ja poikkipinta. Kumpikin voidaan valita ohjelman mukana tulevista kirjastoista ja käytetään tässä tapauksessa materiaalina terästä S235 ja poikkipintana IPE120. Elementti lisätään **Add**-painikkeella. Samalla tavalla tehdään myös kaksi muuta elementtiä, jolloin tuloksen pitäisi näyttää kuvan 16.5 mukaiselta.

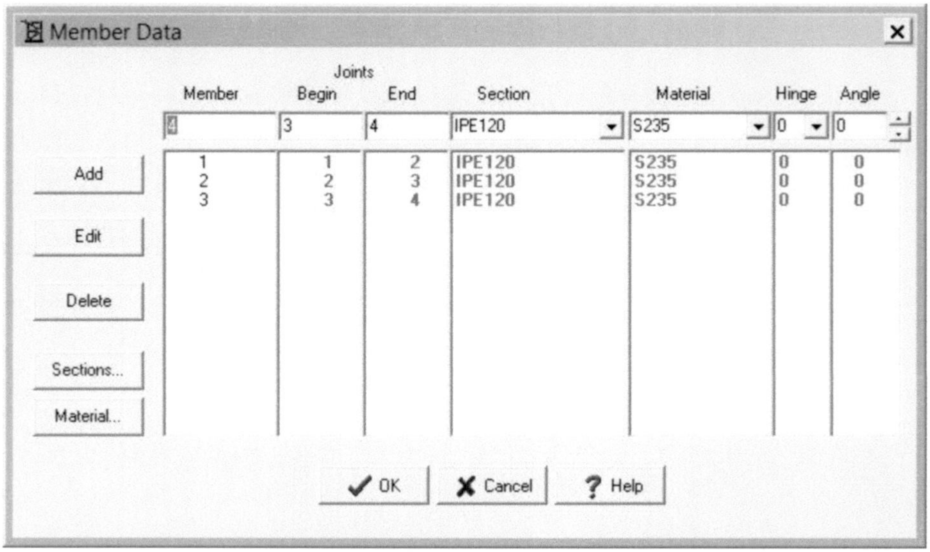

Kuva 16.4. Elementtitietojen syöttäminen.

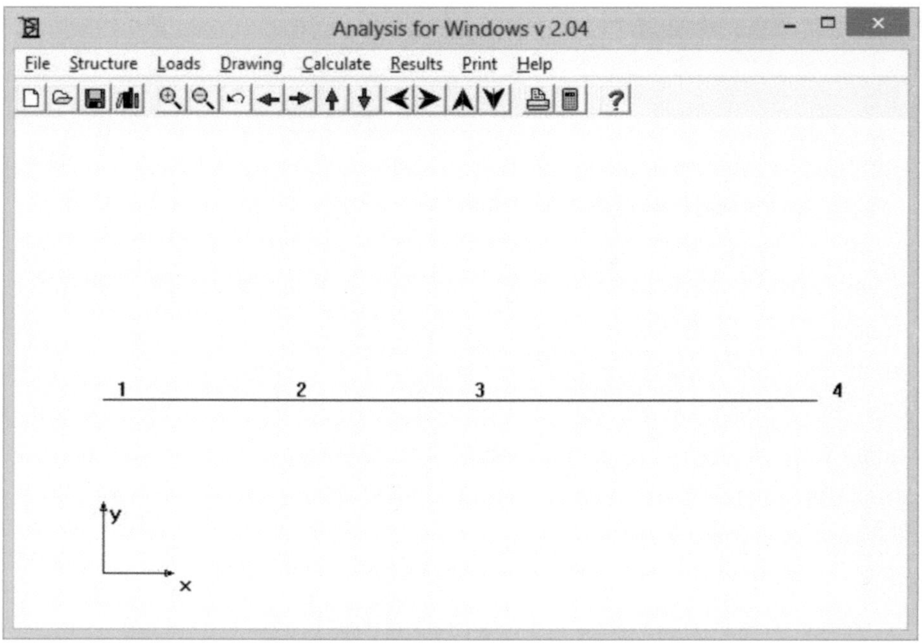

Kuva 16.5. Solmupisteet ja elementit paikallaan.

Tukipisteissä määritetään kiinnitykset valitsemalla **Structure > Support joints**. Solmulla 4 ovat kiinnitykset *x*- ja *y*-suuntaan ja solmussa 2 *y*-suuntaan (kuva 16.6).

Solmukuorma (pistekuorma) esiintyy vain solmussa 3 ja se syötetään valitsemalla **Structure > Joint loads** (kuva 16.7). Myös x-suuntaiseksi voimaksi ja z-suuntaiseksi momentiksi pitää kirjata 0, jotta kuorman lisääminen onnistuu.

Elementtikuormana syötetään tasainen kuorma elementille 3 valitsemalla **Structure > Member Loads** (kuva 16.8). Tässä esimerkissä ei ole otettu huomioon elementtien omaa massaa valitsemalla **Loads > Neglect Self Weight**.

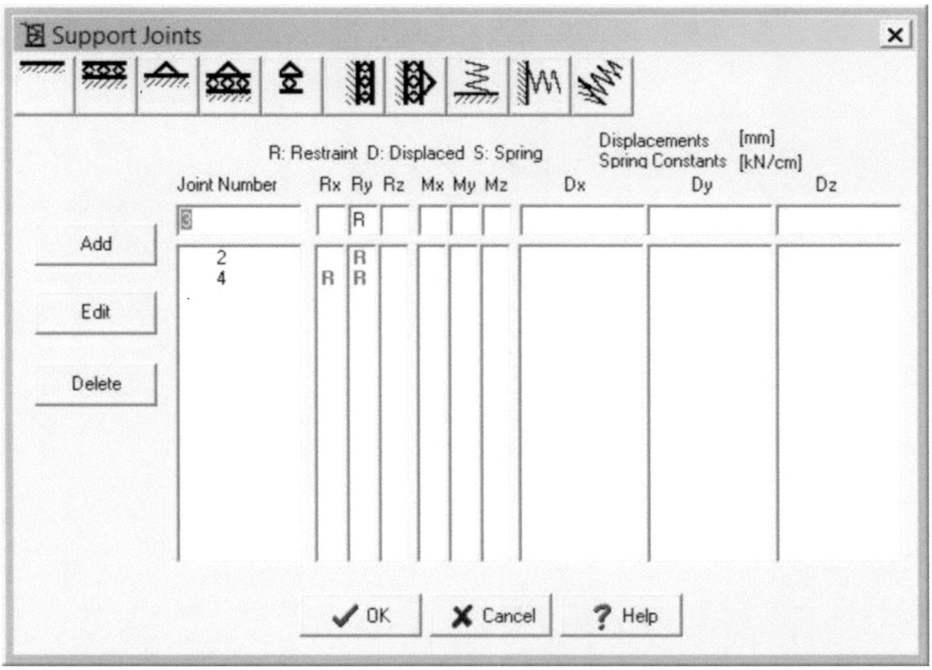

Kuva 16.6. Tukipisteet.

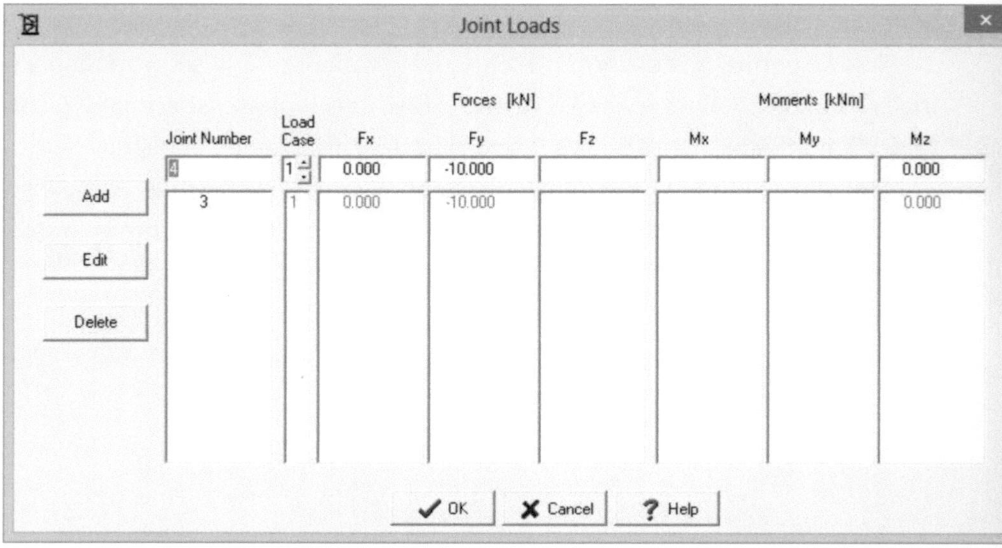

Kuva 16.7. Solmukuorma.

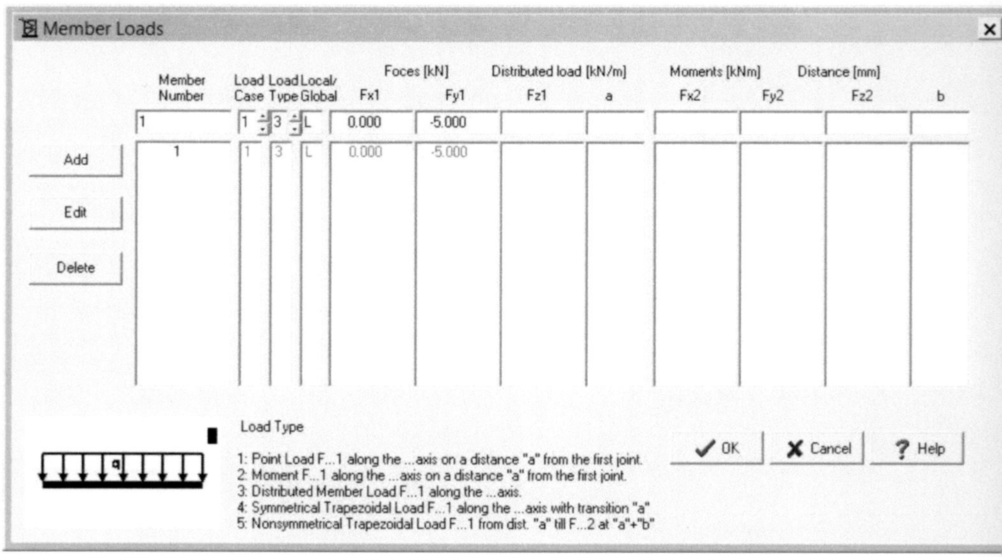

Kuva 16.8. Tasainen kuorma.

Rakenne on nyt valmis (kuva 16.9) ja tässä vaiheessa kannattanee tehdä tallennus valitsemalla **File > Save**. Sitten rakenne voidaan analysoida napsauttamalla **Calculate**.

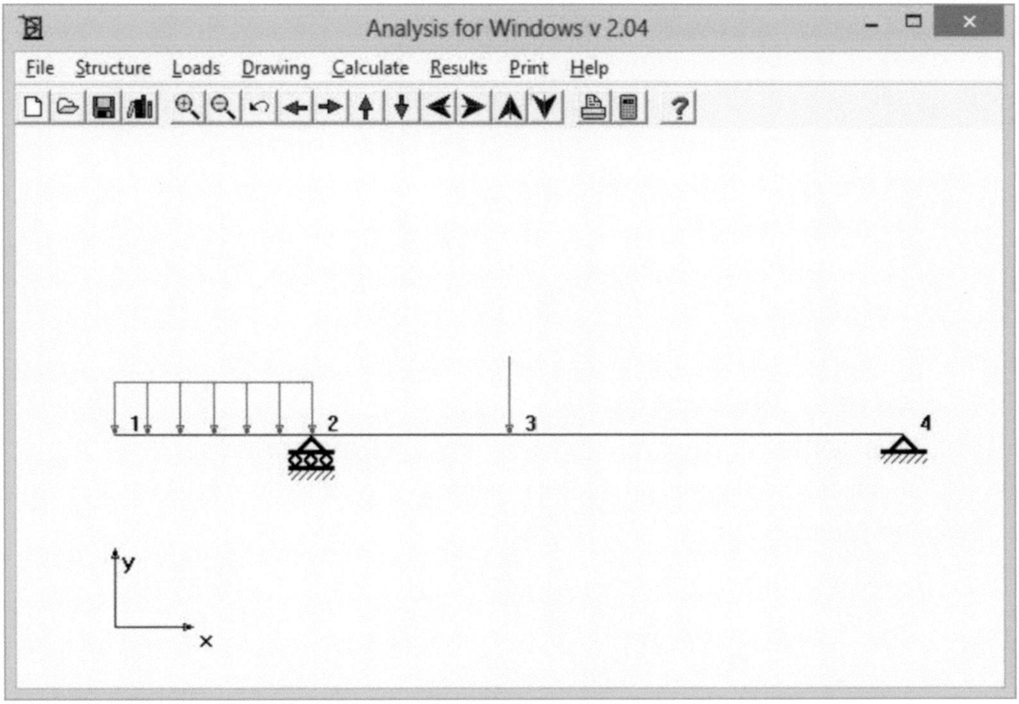

Kuva 16.9. Valmis rakenne.

Tulosten tarkastelu

Jos laskenta sujui ilman virheilmoituksia, voidaan siirtyä tarkastelemaan tuloksia. Ensin meitä kiinnostanevat solmupisteiden siirtymät, jotka saadaan näkyviin valitsemalla **Results > Joint Displacements** (kuva 16.10).

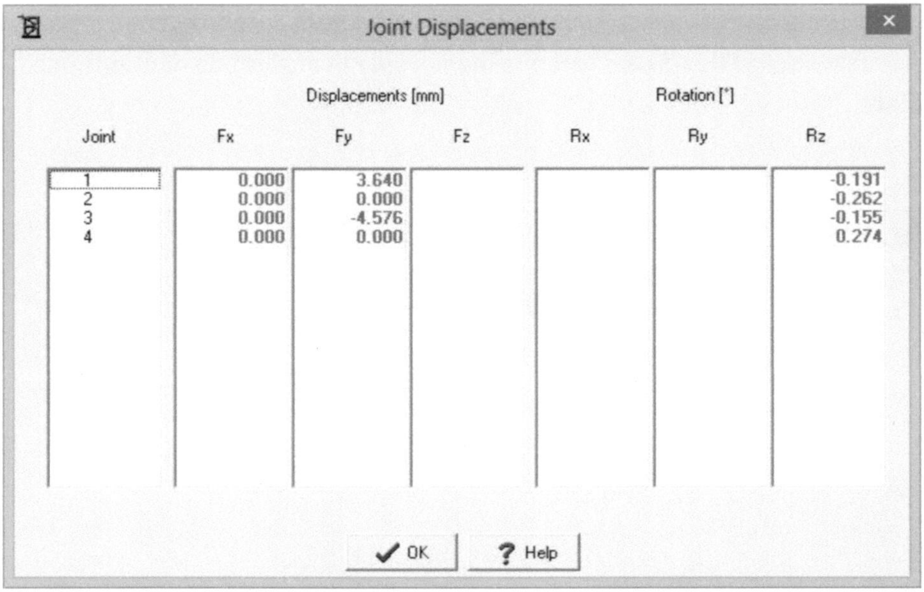

Kuva 16.10. Solmupistesiirtymät.

Sen jälkeen saadaan elementeissä vaikuttavat rasitukset näkyviin valitsemalla **Results > Member Forces** (kuva 16.11).

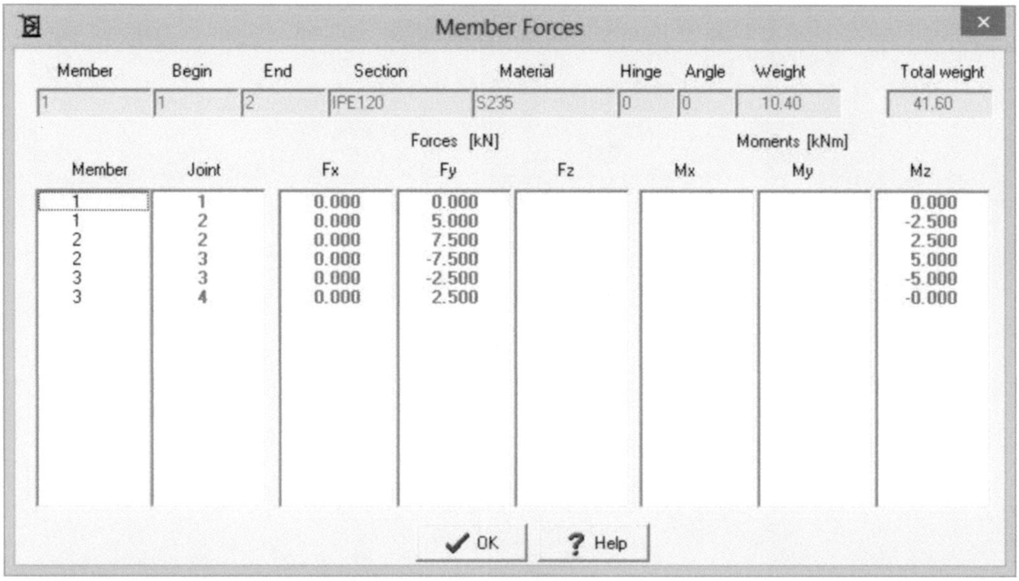

Kuva 16.11. Elementeissä vaikuttavat rasitukset.

Elementeissä vaikuttavat jännitykset saadaan näkyviin valinnoilla **Results > Member Stresses** (kuva 16.12).

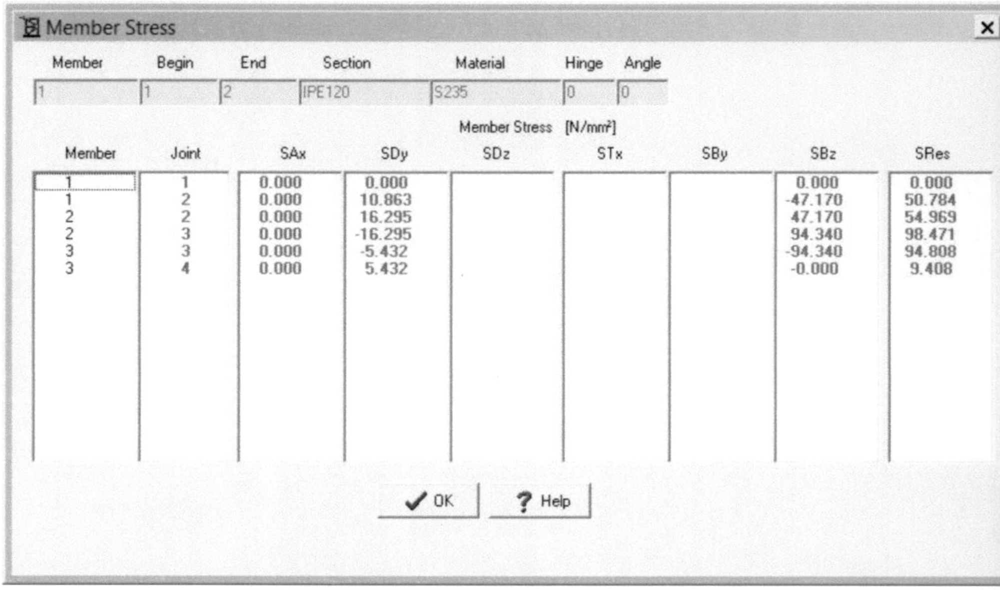

Kuva 16.12. Elementeissä vaikuttavat jännitykset.

Tukivoimat saadaan selville valinnoilla **Results > Reactions** (kuva 16.13).

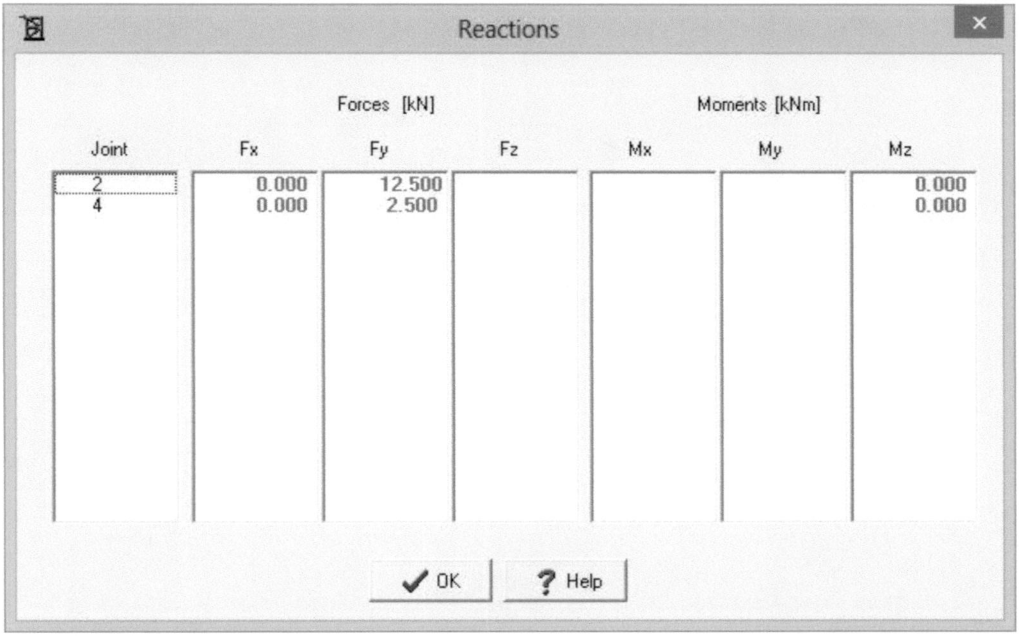

Kuva 16.13. Tukivoimat.

Rasitusten jakauma nähdään valitsemalla **Results > NMT-Forces** (kuva 16.14). Sama esitys tulee näkyviin graafisena, kun valitaan ensin mukaan kaikki elementit napsauttamalla kohdasta **All Members** ja sen jälkeen **OK**. Tästä näytöstä voidaan valita halutut kohteet näkyviin tai piiloon napsauttamalla hiirellä kyseistä otsikkoa näytön vasemmassa yläreunassa. Esimerkiksi kuvassa 16.15 on esillä vain taivutusmomenttikuvio.

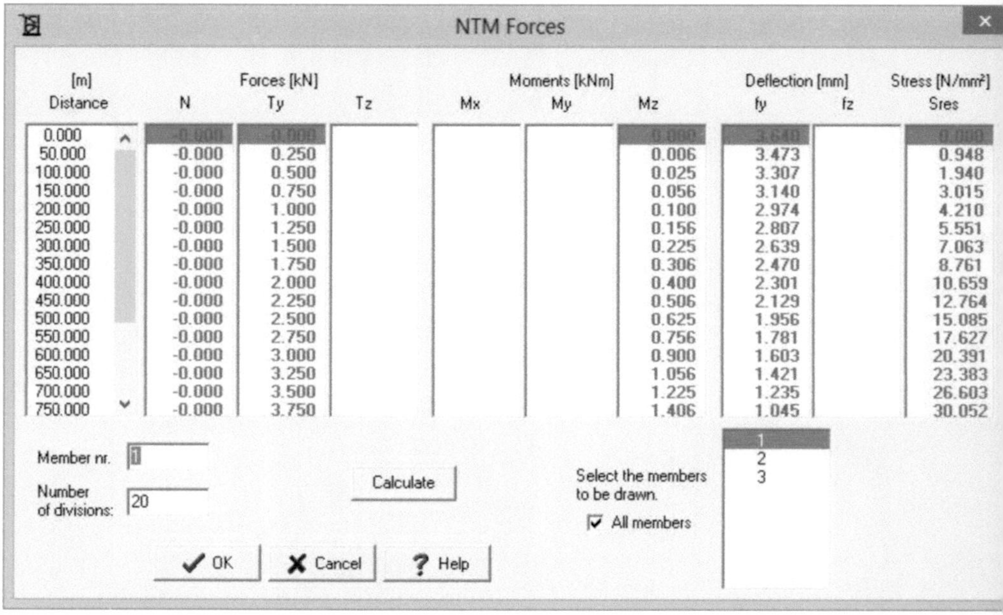

Kuva 16.14. Rasitusjakauma.

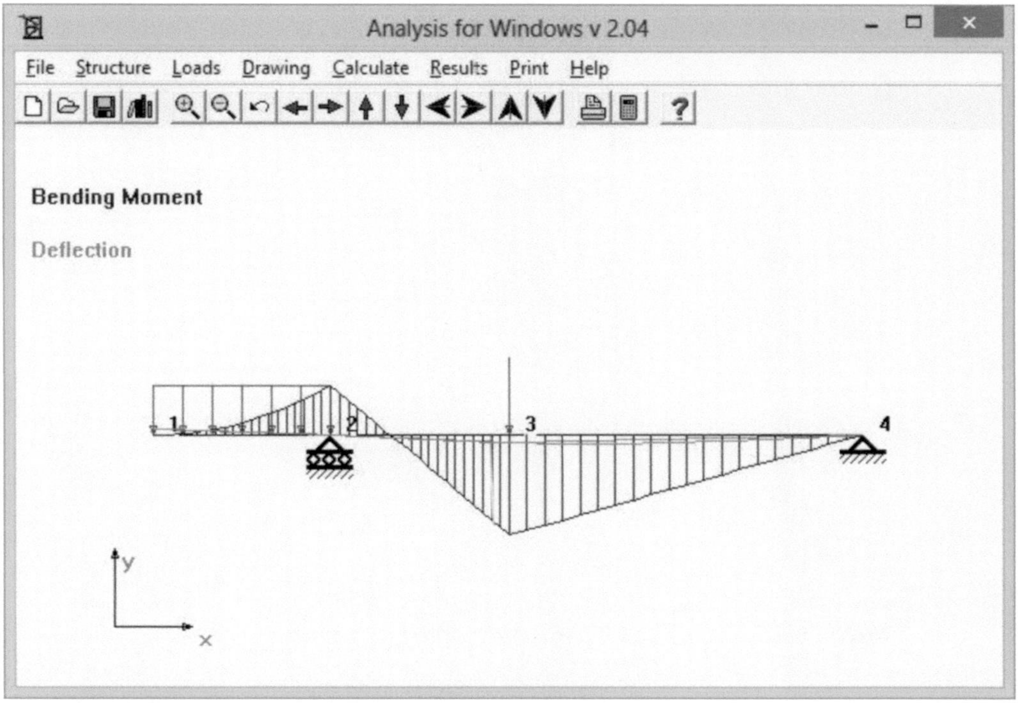

Kuva 16.15. Taivutusmomenttikuvio.

Ohjelmaan voidaan syöttää myös oma poikkipinta ja materiaali. Jos poikkipintana halutaan käyttää esimerkiksi suorakaidetta 50 mm x 200 mm, on ensin laskettava sen poikkipintasuureet ja syötettävä ne valintaikkunaan, joka saadaan esiin valitsemalla **Structure > Cross Sections** (kuva 16.16). Poikkipintatietojen kohdalla kannattaa huomata, että neliömomentit annetaan sentteinä ja reunaetäisyydet milleinä.

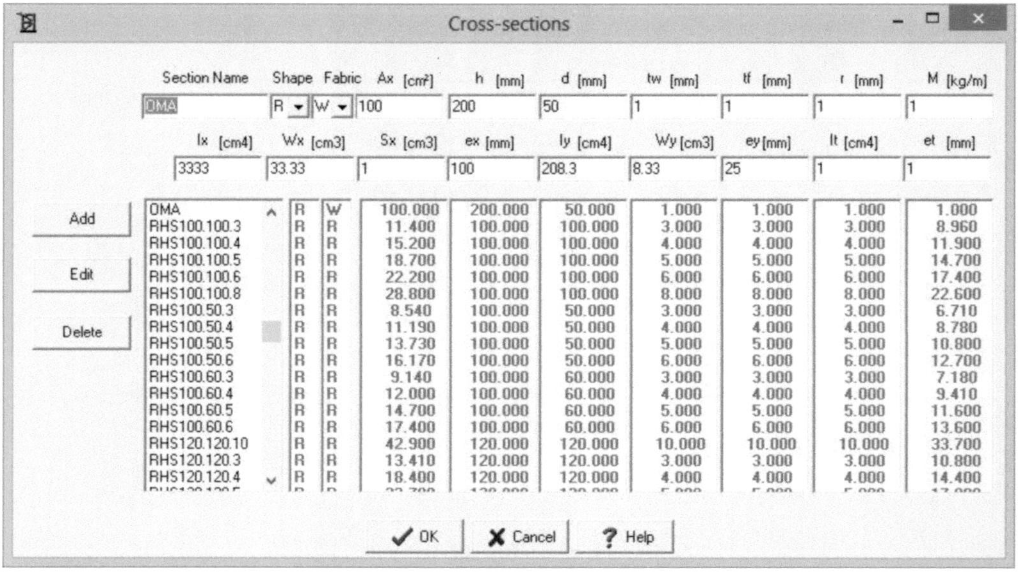

Kuva 16.16. Oman poikkipinnan tietojen syöttäminen.

Ristikko

Rakennetietojen syöttö

Analysoidaan kuvassa 16.17 esitetty ristikko. Analyysityypiksi on ensin valittava **Structure** -valikosta **2-Dimensional** ja **Truss**. Solmupistekoordinaatit syötetään samaan tapaan kuin edellisessä kohdassa (kuva 16.18). Samoin elementit syötetään täsmälleen samalla tavalla kuin edellä (kuva 16.19).

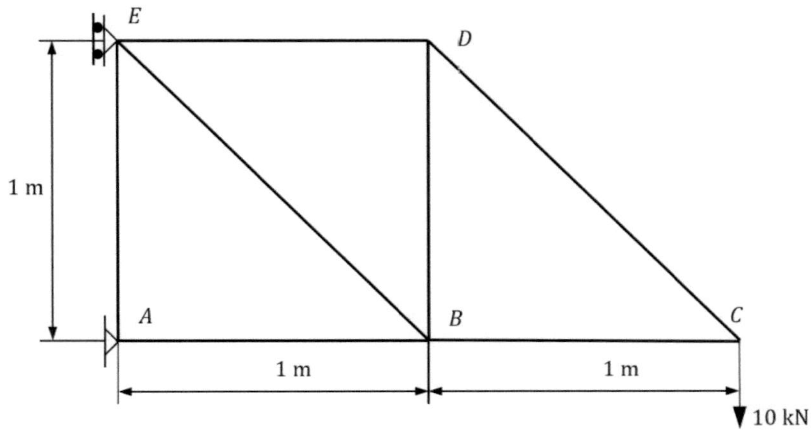

Kuva 16.17. Analysoitava ristikko.

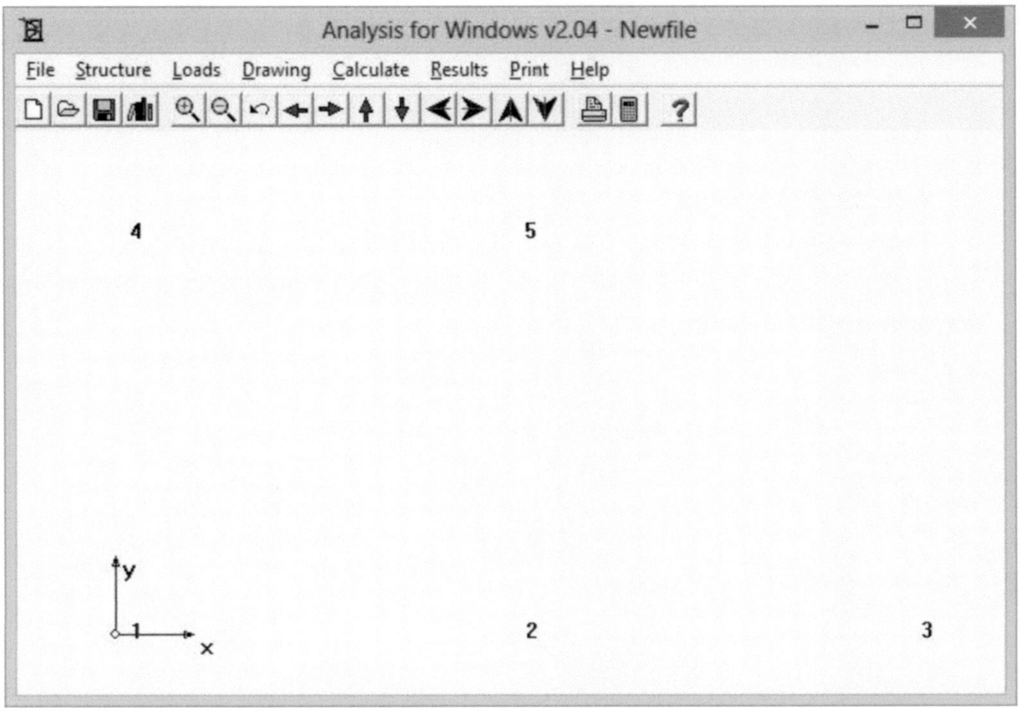

Kuva 16.18. Ristikon solmupisteet.

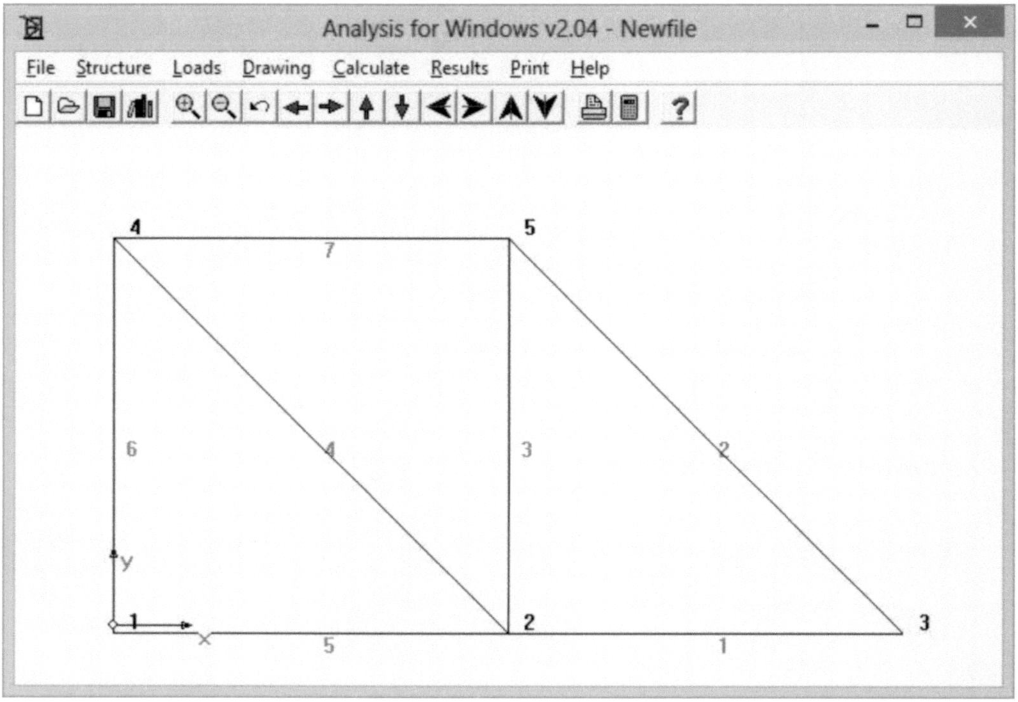

Kuva 16.19. Elementit.

Tukipisteet sijoitetaan ristikon nurkkiin kuvan 16.20 mukaisesti ja ulkoiset voimat kuvan 16.21 mukaisesti.

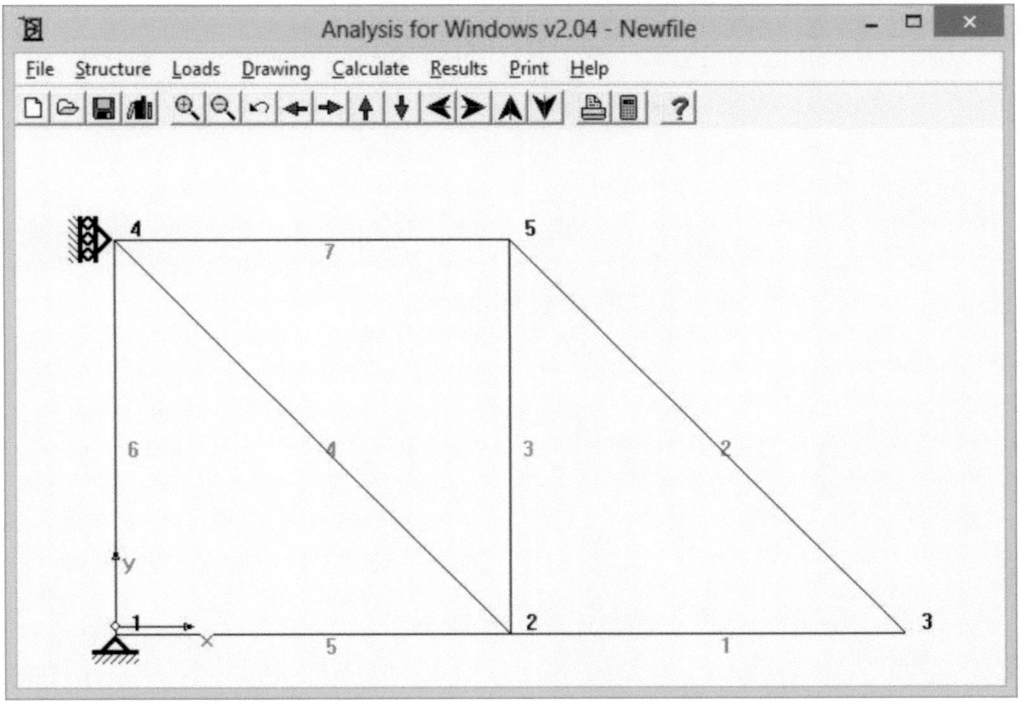

Kuva 16.20. Tukisolmut.

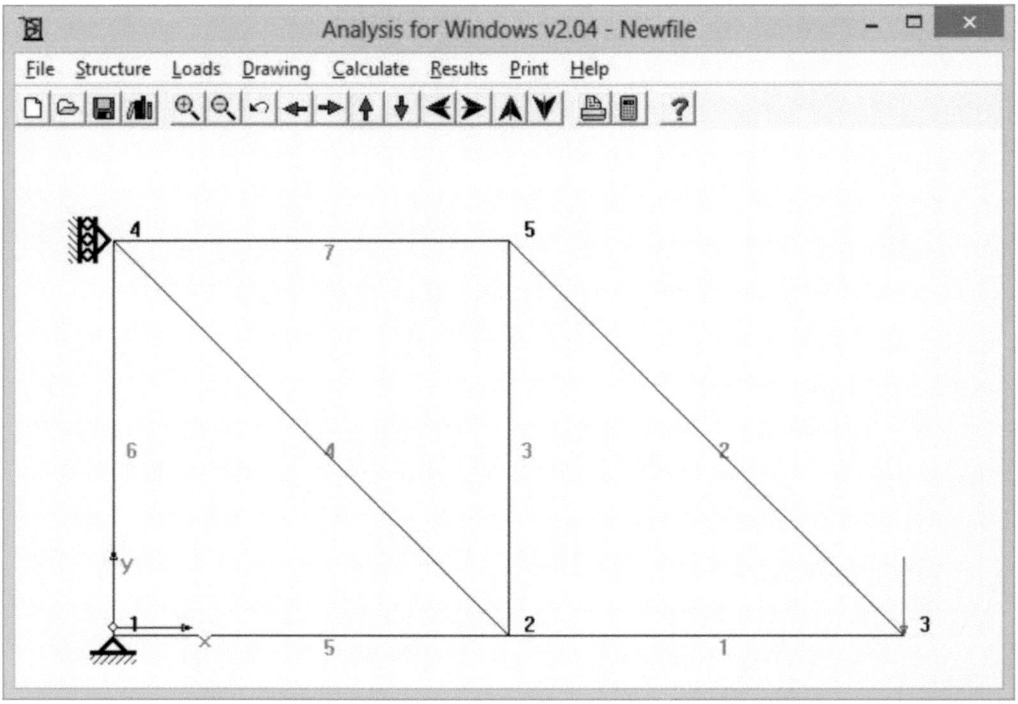

Kuva 16.21. Solmupistevoima.

Analysointi

Rakenne lasketaan samalla tavalla kuin edellä ja tuloksina voidaan nyt tarkastella esimerkiksi jännityksiä (kuva 16.22) ja nurjahdusanalyysiä (kuva 16.23).

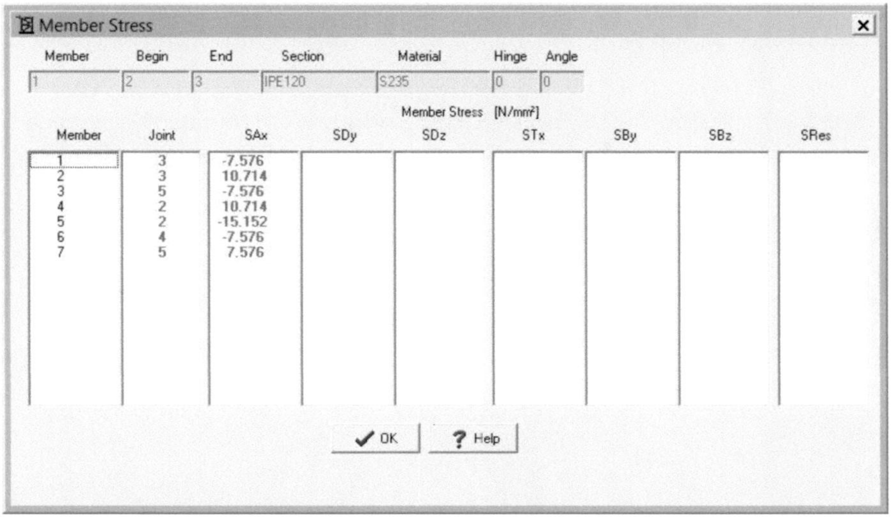

Member Stress

Member	Begin	End	Section	Material	Hinge	Angle
1	2	3	IPE120	S235	0	0

Member Stress [N/mm²]

Member	Joint	SAx	SDy	SDz	STx	SBy	SBz	SRes
1	3	-7.576						
2	3	10.714						
3	5	-7.576						
4	2	10.714						
5	2	-15.152						
6	4	-7.576						
7	5	7.576						

OK Help

Kuva 16.22. Elementtien jännitykset.

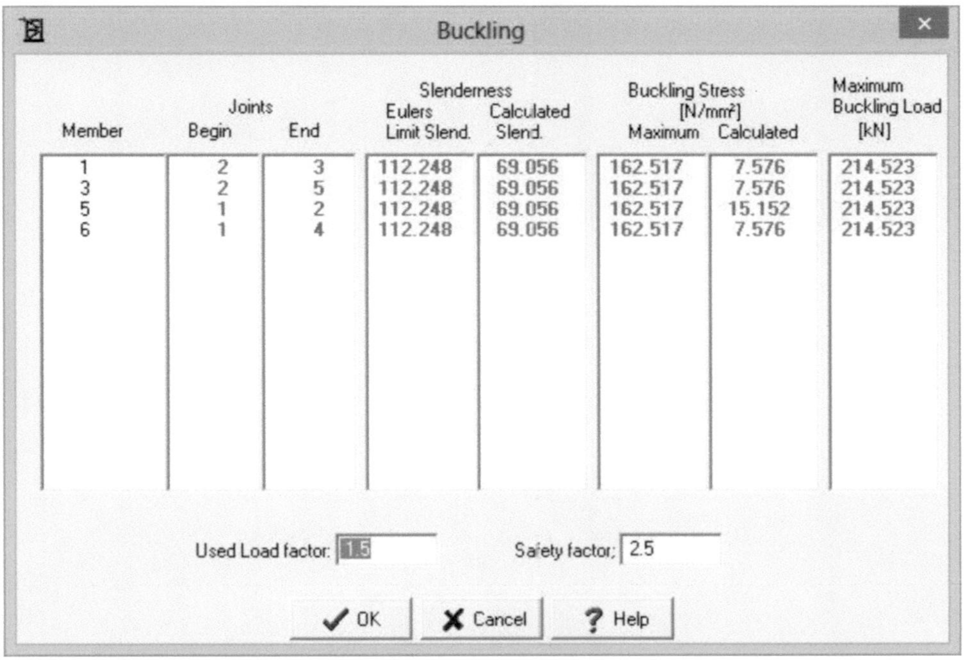

Buckling

Member	Joints Begin	Joints End	Slenderness Eulers Limit Slend.	Slenderness Calculated Slend.	Buckling Stress [N/mm²] Maximum	Buckling Stress [N/mm²] Calculated	Maximum Buckling Load [kN]
1	2	3	112.248	69.056	162.517	7.576	214.523
3	2	5	112.248	69.056	162.517	7.576	214.523
5	1	2	112.248	69.056	162.517	15.152	214.523
6	1	4	112.248	69.056	162.517	7.576	214.523

Used Load factor: 1.5 Safety factor: 2.5

OK Cancel Help

Kuva 16.23. Nurjahdusanalyysi.

Tehtäviä

16.1 Lataa itsellesi ANALYSIS 3D -ohjelman ilmaisversio Internetistä ja asenna ohjelmisto. Harjoittele ohjelman käyttöä tekemällä tässä luvussa esitetyt esimerkit.

16.2 Tarkista ohjelmalla seuraavat harjoitustehtävät
2.2, 2.5, 4.5, 6.1, 6.2, 6.3, 6.4, 8.2, 8.3, 8.4, 8.5, 10.2, 11.1, 11.2, 11.4

17

Yhdistetty CAD- ja FEM

Ulokepalkin laskenta

Monimutkaisempien rakenteiden laskenta

Yhä useampiin CAD-järjestelmiin on liitetty mahdollisuus FEM-analyysin suorittamiseen ohjelmistoon liitetyn lisäosion (yleensä ostettava erikseen) avulla. Varsinkin 3D-mallinnusohjelmistojen yhteydessä tämä helpottaa analyysin suorittamista olennaisesti. Kappaleen geometria on jo olemassa ja siihen tarvitsee liittää vain materiaalitieto, kuormitukset ja reunaehdot. Toisaalta analyysin helppous saattaa aiheuttaa helposti harhaanjohdatusta, koska samalla usein analyysiin aina kuuluva kriittinen pohdiskelu saattaa jäädä vähäiseksi.

Seuraavassa käsitellään asiaa käyttäen esimerkkinä SolidWorks CAD-ohjelmiston mukana tulevaa SimulationXpress –ohjelmistoa.

Ulokepalkin laskenta

Tarkastellaan asiaa ensin äärimmäisen yksinkertaisen esimerkin valossa laskemalla poikkipinnaltaan neliön muotoisen ulokepalkin muodonmuutos ja maksimijännitys.

Mallinnetaan ulokepalkki ensin normaaliin tapaan SolidWorks-ohjelmassa. Käytetään poikkipinnassa 100x100 mm:n neliötä ja annetaan palkille pituudeksi 1000 mm (kuva 17.1).

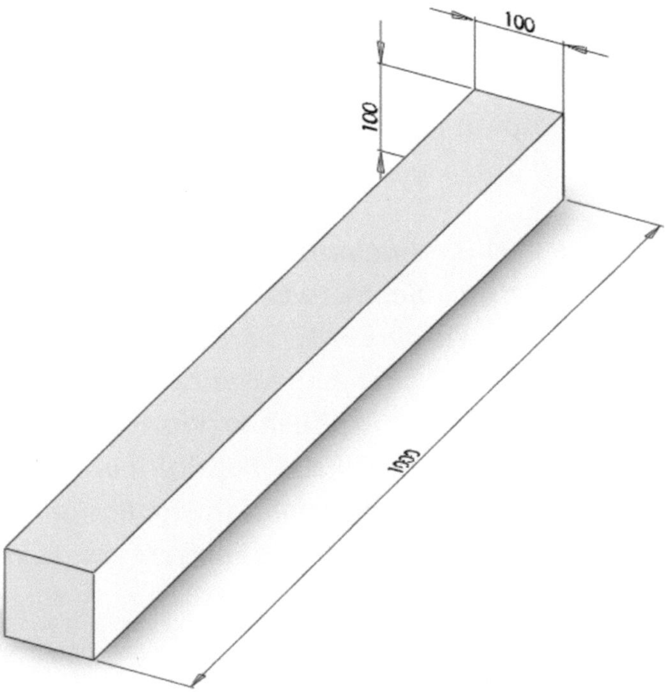

Kuva 17.1. Mallinna ulokepalkki.

Analyysi kulkee tässä tapauksessa täsmälleen samaan tapaan kuin aikaisemmissa tilanteissa tässä kirjassa, eli seuraavana vaiheena olisi rakenteen idealisointi. Koska kyseessä on jo valmiiksi hyvin yksinkertainen rakenne, ei idealisointia tässä tapauksessa tarvita. Tietenkin materiaaliominaisuudet on määritettävä. Valitaan tavallinen seosteräs, jonka ominaisuudet löytyvät kirjastomateriaalien joukosta (kuva 17.2).

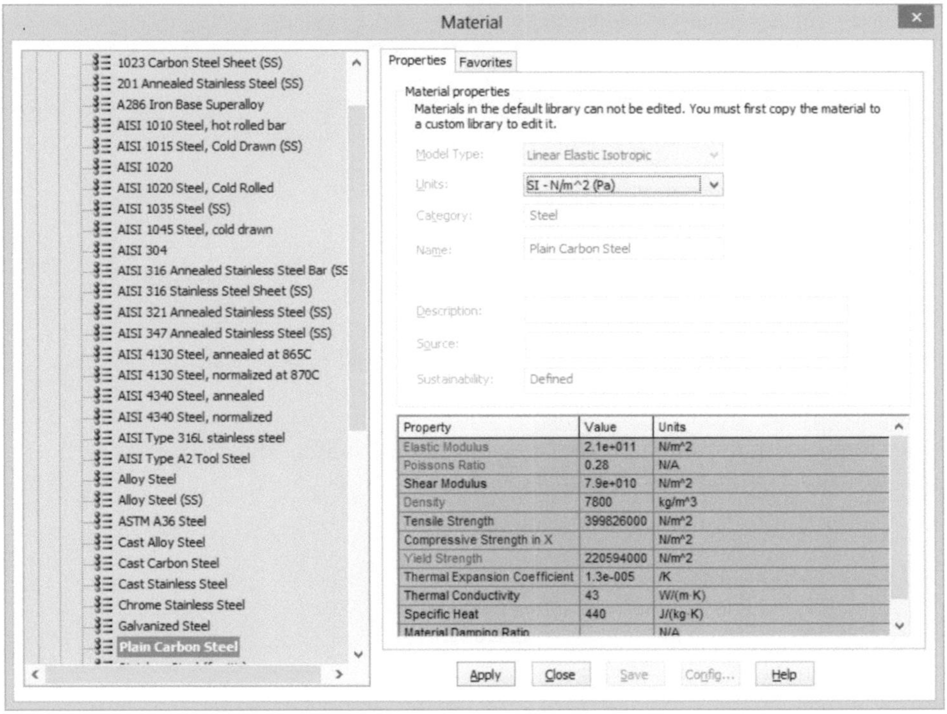

Kuva 17.2. Materiaaliominaisuudet.

Seuraavana vaiheena on elementtiverkon muodostaminen. Koska tässä tapauksessa myöskään elementtiverkko ei tarvitse sen kummempia erityismäärityksiä, voidaan ohjelman automaattisesti generoima elementtiverkko hyväksyä sellaisenaan.

Seuraavaksi siirrytään määrittelemään kiinnityksiä. Asetetaan palkin toisen pään pinnalle kiinteä tuki kuvan 17.3. mukaisesti.

Kuva 17.3. Siirrytään määrittelemään kiinnityksiä.

Seuraavaksi määritetään palkin toiseen päähän voima 100 kN (kuva 17.4).

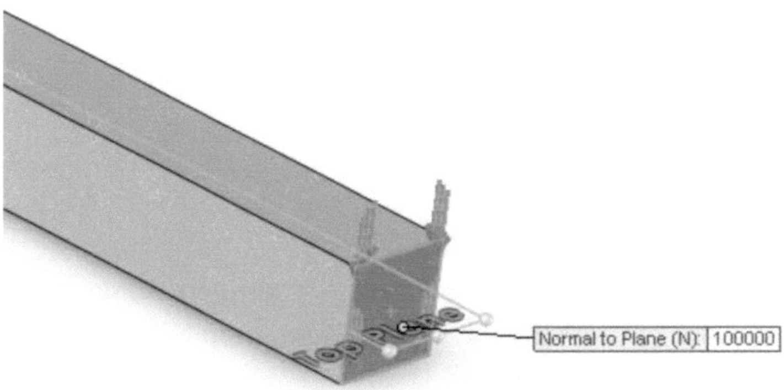

Kuva 17.4. Kiinnitetään voima palkin toiseen päähän.

Seuraavaksi voidaan suorittaa varsinainen analyysi.

Laskennan jälkeen nähdään kuinka palkki on kuormituksen voimasta taipunut ja missä kohdin siinä vaikuttavat suurimmat jännitykset (kuva 17.5).

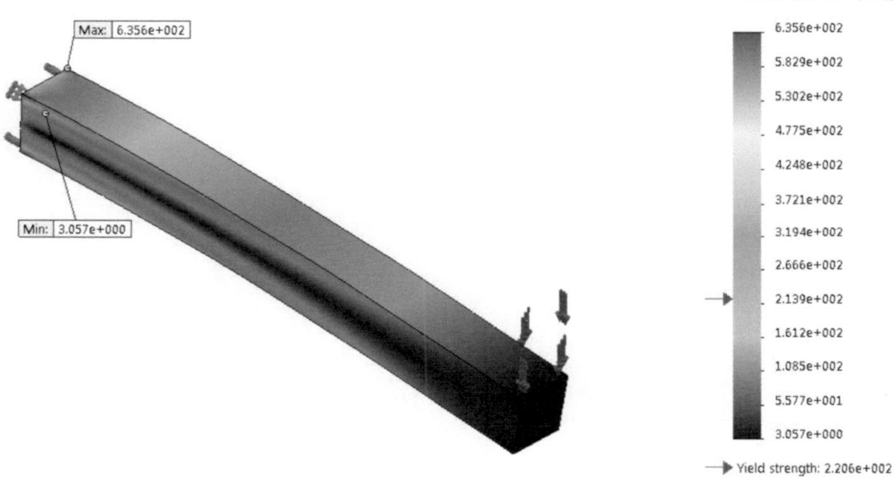

Kuva 17.5. Palkin taipuma ja jännitykset.

Jännitysjakaumasta nähdään, että palkin vertailujännitys (von Mises) on tuen kohdalla noin 630 MPa. Tarkastellaan seuraavaksi palkin muodonmuutoksia (kuva 17.6).

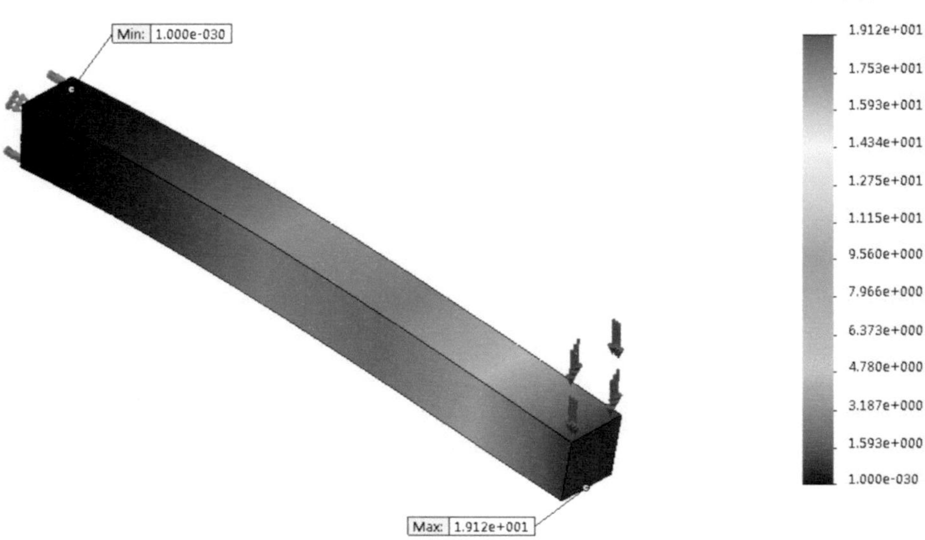

Kuva 17.6. Tarkastellaan palkin muodonmuutoksia.

Suurin taipuma palkin päässä on siis n. 19 mm.

Lasketaan samanlainen palkki käsin ja verrataan tuloksia keskenään. Ulokepalkin suurin muodonmuutoshan esiintyy tietysti palkin päässä. Se voidaan laskea kaavalla (liite 3):

$$y_{\max} = \frac{Fl^3}{3EI}$$

Sijoitetaan kaavaan lähtöarvot F = 100 kN = 100 000 N, l = 1 m = 1000 mm, E = 200 000 MPa. Lisäksi on laskettava neliöpoikkipinnan neliömomentti, joka saadaan kaavasta (liite 2):

$$I = \frac{bh^3}{12} = \frac{100\,\mathrm{mm} \cdot 100^3\,\mathrm{mm}^3}{12} = 8,33 \cdot 10^6\,\mathrm{mm}^3$$

Sijoittamalla saadaan suurimmaksi siirtymäksi:

$$y_{\max} = \frac{100\,000\mathrm{N} \cdot 1\,000^3\,\mathrm{mm}^3}{3 \cdot 210\,000 \frac{\mathrm{N}}{\mathrm{mm}^2} \cdot 8,33 \cdot 10^6\,\mathrm{mm}^3} = 19,05\mathrm{mm}$$

Suurin normaalijännitys esiintyy palkin ylä- ja alapinnoilla tuen kohdalla ja se saadaan kaavasta:

$$\sigma_{\max} = \frac{Fl}{W} = \frac{Fl \cdot 6}{b^3} = \frac{100\,000\mathrm{N} \cdot 1000\,\mathrm{mm} \cdot 6}{100^3\,\mathrm{mm}^3} = 600 \frac{\mathrm{N}}{\mathrm{mm}^2}$$

Arvot ovat hyvin sopusoinnussa FEM-analyysin tulosten kanssa.

Monimutkaisempien rakenteiden laskenta

Monimutkaisempien rakenteiden (joita rakenteet yleensä ottaen aina ovat) laskenta onnistuu elementtimenetelmällä useimmiten varsin hyvin. Nykyaikaisiin CAD-ohjelmistoihin integroidut laskentaohjelmistot kykenevät analysoimaan myös kokoonpanoja.

Vaikka laskennan suorittaminen onkin helppoa, on aina muistettava, että terve järki on pidettävä mukana tuloksia tarkasteltaessa. Varmimmalla pohjalla ollaan silloin, kun tulokset on saatu kahdella eri menetelmällä ja ne näyttäisivät olevan samaa suuruusluokkaa.

Kuvassa 17.7 on esitetty kolmesta IPE80 –palkista rakennettu nostolaite kiinnityksineen ja kuormituksineen. Sen laskenta suoritettiin SolidWorks-ohjelmistoon integroidulla SolidWorks Simulation -laskentaohjelmalla. Elementtejä mallissa oli reilu 20000 kappaletta ja laskenta kesti tavallisella kannettavalla tietokoneella noin

2,5 minuuttia. Laskennan tuloksena saadut jännitysjakaumat ja muodonmuutokset on esitetty kuvassa 17.8.

Kuva 17.7. Kolmesta IPE80 –palkista muodostettu laskentamalli.

Kuva 17.8. Laskentamallin tulokset.

Harjoitustehtävien vastauksia

Luku 1

- 1.5: 1200 N
- 1.6: 800 Nm, 5,03 kW
- 1.8: Kaikki ovat totta
- 1.9: 10 %

Luku 2

- 2.2: Q_{max}=10 kN M_{tmax}=30 kNm, Q_{max}=7,5 kN M_{tmax}=5 kNm
- 2.5: Q_{max}=24,3 kN M_{tmax}=18,6 kNm, Q_{max}=39,0 kN M_{tmax}=73 kNm

Luku 4

- 4.1: 754 N
- 4.2: 123 kN
- 4.3: 1,7 mm, 1260 mm
- 4.5: F_1=0,6 kN F_2=9,4 kN, σ_1=0,31 MPa σ_2=1,87 MPa
- 4.6: 79,4°
- 4.7: σ_{ED} = 100 MPa, σ_{BD} = -100 MPa
- 4.8: 164,1 MPa
- 4.10: 102 MPa, -22 MPa
- 4.11: 168,1 mm^2
- 4.12: 9,8 mm
- 4.13: 1988,5 N
- 4.14: 2,11 mm, 2,03 mm
- 4.15: -116,2 MPa, 0,36 mm

Luku 6

- 6.1: 92,6 MPa, 195,4 MPa
- 6.2: Esimerkiksi
  - putkipalkki 180x180x8, S235
  - putkipalkki 200x200x10, S355
- 6.3: 85,5 MPa
- 6.4: 2485 mm^3
- 6.5: 38 m
- 6:6: 917 kg

- 6.7: a) 94,3 MPa b) 100,3 MPa c) 15,0 MPa
- 6.8: 9 kN

Luku 7

- 7.1: Esimerkiksi 20 mm x 65,7 mm
- 7.2: 1304 Nm, 930 Nm
- 7.3: 13,3%

Luku 8

- 8.2: 10,5 mm, 46,1 mm
- 8.3: 11,25 kN, 8,75 kN, 13,125 kNm, esimerkiksi HEB180
- 8.4: 2,5 kN, 41,25 kN, 16,25 kN, 15 kNm, esimerkiksi HEB160
- 8.5: 0,25 mm, n. 160 kg

Luku 9

- 9.1: 39,6 kN
- 9.2: a) 1,57 kN, b) 4,3 mm, c) 0,01 mm
- 9.3: 15 mm, 24 MPa
- 9.4: y = 40 mm, x = 200 mm

Luku 10

- 10.2: 173,2 MPa
- 10.5: 17°, 118,8 MPa
- 10.6: 18°, 126,8 MPa

Luku 11

- 11.2: Esimerkiksi 150 x 150 mm^2
- 11.3: 1,07 m
- 11.4: 132 kN
- 11.5: 75°
- 11.6: 31 mm

Luku 12

- 12.3: 43,6 MPa
- 12.4: -108,3 MPa, 141,7 MPa
- 12.5: 151,3 MPa
- 12.6: 75 mm

Lähteet

- Craig Roy: Mechanics of Materials, John Wiley & Sons, 2000.
- Gere James, Timoshenko Stephen: Mechanics of Materials, PWSPublish Company, 1997.
- Hall Allen, Holowenko Alfred, Laughlin Herman: Theory and Problems of Macine Design, Shaum's Outline Series, 1982.
- Hietikko Esa, Lehtonen Uljas: Lujuuslaskennan perusteet, Kustannus-osake-yhtiö Otava, 1994.
- Jackson John, Wirtz Harold: Statics and Strength of Materials, Shaum's Outline Series, 1983.
- Karhunen Jouko, Lassila Veikko, Pyy Seppo, Ranta Aarno, Räsänen Satu, Saikkonen Matti, Suosara Eero: Lujuusoppi, Otatieto Oy, 1993.
- Kivioja Seppo: Konetekniikka, Otatieto Oy 1993.
- Lehtonen Uljas: Kone-elinten lujuusoppi, Kustannusosakeyhtiö Otava, 1985.
- Miekk-Oja Olavi: Lujuusoppi, Tekniikan käsikirja 1, Gummerus 1980.
- Nash William: Strength of Materials, Shaum's Outline Series,1998.
- Outinen Hannu, Koski Juhani, Salmi Tapio: Lujuusopin perusteet, Pressus Oy, 2000.
- Pytel Andrew, Kiusalaas Jaan: Mechanics of Materials, Brooks/Cole 2003.
- Saarineva Jarmo: Lujuusoppi peruskurssi, Pressus Oy 1995.
- Timoshenko Stephen: History of Strength of Materials, Dover Publications, 1983.
- Ullman David: The Mechanical Design Process, McGraw-Hill, 1992.

Hakemisto

Liite A

Materiaalien ominaisuuksia

Terästen lujuusarvoja

Teräs	Veto-myötöraja R_e (MPa)	Taivutus-myötöraja σ_{tS} (MPa)	Leikkaus-myötöraja τ_{vs} (MPa)	Vetovaihto-lujuus σ_w (MPa)	Taivutusvaihto-lujuus σ_{tw} (MPa)	Leikkausvaihtolujuus τ_{vw} (MPa)
S235	235	300	170	175	200	140
E295	295	420	210	230	260	180
E335	335	470	230	270	300	210
E360	360	520	260	320	340	240

Muiden materiaalien ominaisuuksia

Materiaali	Tiheys kg/m³	Kimmo-kerroin GPa	Liuku-kerroin GPa	Suppeuma	Pituuden lämpötilakerroin 10^{-6}/°C	Myötöraja MPa	Murtolujuus MPa
Alumiini	2700	70	26	0,33	23	20	70
Alumiiniseos	2700-2800	68-75	26-30	0,3-0,33	21-23	200-550	400-600
Betoni	2400	20-40	10-20	0,1-0,2	10-14		
Graniitti	2700	70		0,23	6,5-8,5		
Havupuu	600	10			5		
Kumi	900-2500	0,002-0,02		0,5	50-200		
Kupari	8900	110-120	40-47	0,33-0,36	16,6-17,6	40-120	210-250
Lasi	2400-2800	50-80		0,2-0,27	5-11		
Magnesium-seos	1800	45		0,25	25	150-220	200-300
Marmori	2700	50-100			11-16		

Messinki	8400	100	39	0,34	21		
Nikkeli	8900	200	79	0,31	13		
Valurauta	7200	80-140		0,26	10-12		
Sinkki	7200	100	35	0,43	26		
Titaani	4500	110	40	0,36	9		

Liite B

Poikkipintojen ominaisuuksia

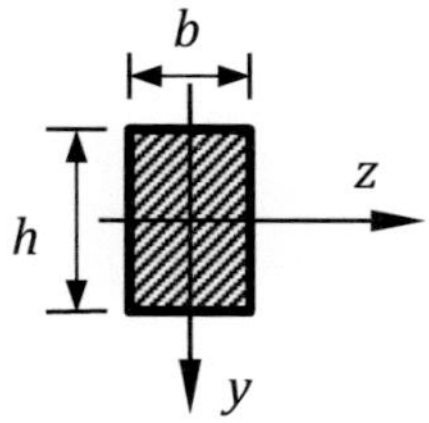	$I_z = \dfrac{b \cdot h^3}{12}$ $I_y = \dfrac{h \cdot b^3}{12}$	$W_z = \dfrac{b \cdot h^2}{6}$ $W_y = \dfrac{h \cdot b^2}{6}$
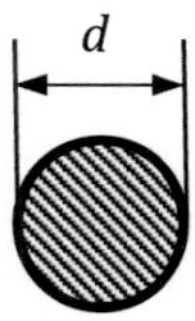	$I = \dfrac{\pi \cdot d^4}{64}$ $I_v = \dfrac{\pi \cdot d^4}{32}$	$W = \dfrac{\pi \cdot d^3}{32}$ $W_v = \dfrac{\pi \cdot d^3}{16}$
	$I = \dfrac{\pi \cdot \left(D^4 - d^4\right)}{64}$	$W = \dfrac{\pi \cdot (D^4 - d^4)}{32 \cdot D}$
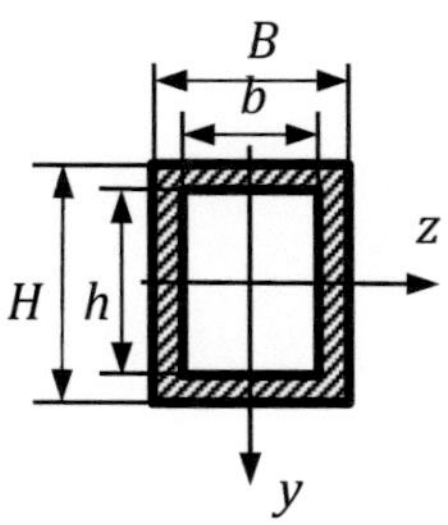	$I_z = \dfrac{B \cdot H^3 - b \cdot h^3}{12}$ $I_y = \dfrac{H \cdot B^3 - h \cdot b^3}{12}$	$W_z = \dfrac{B \cdot H^3 - b \cdot h^3}{6 \cdot H}$ $W_y = \dfrac{H \cdot B^3 - h \cdot b^3}{6 \cdot B}$
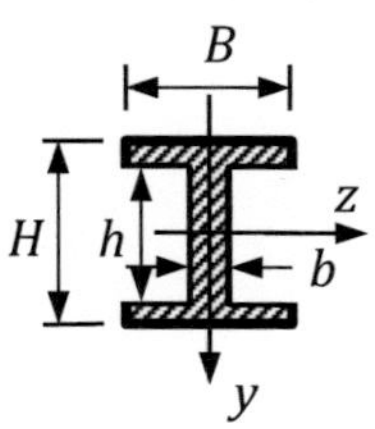	$I_z = \dfrac{B \cdot H^3 - (B - b) \cdot h^3}{12}$ $I_y = \dfrac{(H - h) \cdot B^3 - h \cdot b^3}{12}$	$W_z = \dfrac{B \cdot H^3 - (B - b) \cdot h^3}{6 \cdot H}$ $W_y = \dfrac{(H - h) \cdot B^3 - h \cdot b^3}{6 \cdot B}$

Liite C

Yleisimpiä kuormitustapauksia

Tapaus	Suurin taivutusmomentti	Suurin taipuma
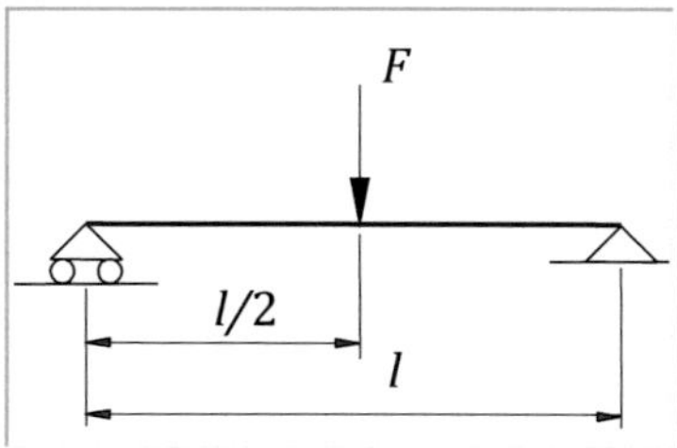	$M_{max} = \frac{F \cdot l}{4}$	$y_{max} = \frac{F \cdot l^3}{48 \cdot EI}$
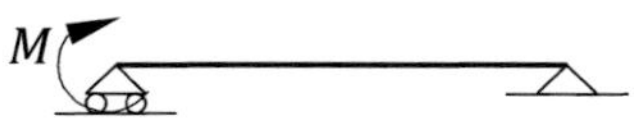	$M_{max} = M$	$y_{max} = \frac{M \cdot l^2}{9 \cdot \sqrt{3} \cdot EI}$
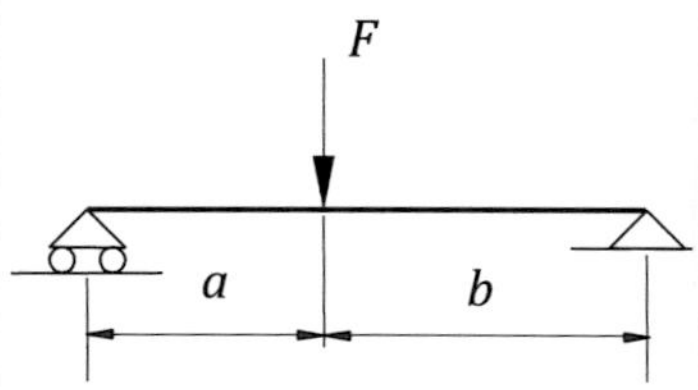	$M_{max} = \frac{F \cdot a \cdot b}{l}$	kun b>a $y_{max} = \frac{F \cdot a \cdot (l^2 - b^2)^{\frac{3}{2}}}{9 \cdot \sqrt{3} \cdot l \cdot EI}$
	$M_{max} = -F \cdot l$	$y_{max} = \frac{F \cdot l^3}{3 \cdot EI}$
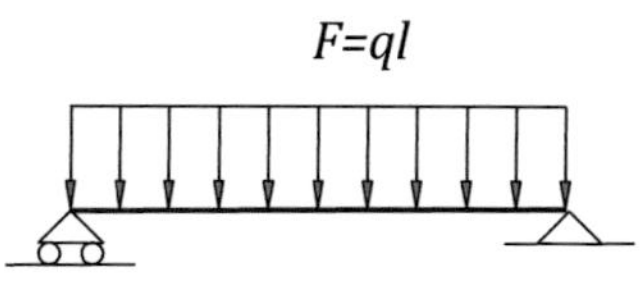	$M_{max} = \frac{F \cdot l}{8}$	$y_{max} = \frac{5 \cdot F \cdot l^3}{384 \cdot EI}$
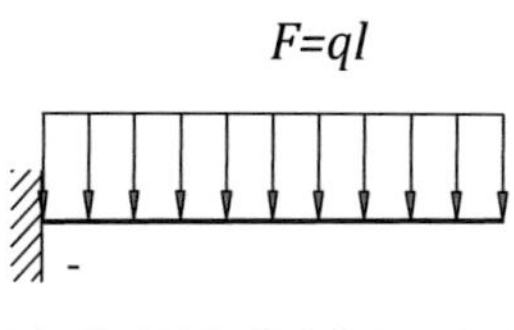	$M_{max} = -\frac{F \cdot l}{2}$	$y_{max} = \frac{F \cdot l^3}{8 \cdot EI}$

Liite D

Kaavakokoelma

$\sigma = \frac{F}{A}$	Vetojännitys, *F* = voima, *A* = poikkipinnan ala
$\varepsilon = \frac{\Delta l}{l_0}$	Suhteellinen venymä, *Δl* = venymä, l_0 = alkuperäinen pituus
$\frac{\sigma}{\varepsilon} = vakio = E$	Hooken laki, lyhyempi muoto, *σ* = jännitys, *ε* = suhteellinen venymä, *E* = kimmokerroin
$\delta = \frac{\Delta l_{\max}}{l_0} \cdot 100\%$	Murtovenymä, Δl_{max} = murtuneen sauvan venymä, l_0 = alkuperäinen pituus
$\Delta l = \frac{F \cdot l_0}{E \cdot A}$	Hooken laki, pidempi muoto, *F* = voima, l_0 = alkuperäinen pituus, *E* = kimmokerroin, *A* = poikkipinnan ala
$\Delta l = \alpha \cdot l \cdot (T_2 - T_1)$	Lämpöpiteneminen, *α* = lämpöpitenemiskerroin, *l* = pituus, *T* = lämpötila
$\sigma = \varepsilon \cdot E = \alpha \cdot E \cdot (T_2 - T_1)$	Lämpöjännitys (suureet kuten edellä)
$\sigma_t = \frac{M_t}{W}$	Taivutusjännitys, M_t = taivutusmomentti, *W* = taivutusvastus
$I_z = \sum I + \sum A \cdot a^2$	Steinerin sääntö, I_z = neliömomentti *z*-akselin suhteen, *I* = osa-alueen neliömomentti oman painopisteakselin suhteen, *A* = osa-alueen pinta-ala, *a* = osa-alueen painopisteen etäisyys *z*-akselista
$\tau = \frac{F}{A}$	Puhtaan leikkauksen leikkausjännitys, *F* = leikkausvoima, *A* = poikkipinnan ala
$\lambda = \frac{1}{G} \cdot \frac{F \cdot l}{A}$	Työntymä, *G* = liukukerroin, *F* = leikkausvoima, *l* = pituus, *A* = poikkipinnan ala
$\tau = \frac{Q \cdot S}{b \cdot I}$	Leikkausjännitys taivutuksen yhteydessä, *Q* = leikkausvoima, *S* = staattinen momentti, *b* = poikkipinnan leveys tarkastelukohdassa, *I* = neliömomentti
$\tau_{\max} = \frac{3}{2} \cdot \frac{Q}{A}$	Maksimi leikkausjännitys taivutuksen yhteydessä suorakaidepoikkipinnalla, jonka leveys on *b* ja korkeus *h*

$\tau_{max} = \frac{4}{3} \cdot \frac{Q}{A}$	Maksimi leikkausjännitys taivutuksen yhteydessä ympyrällä, jonka ala on A
$\tau_{max} = 2 \cdot \frac{Q}{A}$	Maksimi leikkausjännitys taivutuksen yhteydessä ohuella putkella, jonka säde seinämän keskelle on r ja seinämän paksuus s
$\tau = \frac{M_v}{W_v}$	Vääntöjännitys (leikkausjännitys), M_v = vääntömomentti, W_v = vääntövastus
$W_v = \frac{\pi \cdot d^3}{16} \approx 0{,}2 \cdot d^3$	Pyöreän poikkipinnan vääntövastus, d = poikkipinnan halkaisija
$F_n = \frac{\pi^2 \cdot E \cdot I}{l_n^2}$	Eulerin teorian mukainen nurjahdusvoima, E = kimmokerroin, I = neliömomentti, l_n = nurjahduspituus